山西工程技术学院优秀学术专著出版计划项目资助

杭锦旗地区二维核磁共振测井反演及应用

HANGJINGQI DIQU ERWEI HECI
GONGZHEN CEJING FANYAN JI YINGYONG

刘 亮 著

图书在版编目(CIP)数据

杭锦旗地区二维核磁共振测井反演及应用 / 刘亮著.—武汉：中国地质大学出版社，2025.3. — ISBN 978-7-5625-6157-6

Ⅰ.P631.8

中国国家版本馆 CIP 数据核字第 2025DV3323 号

杭锦旗地区二维核磁共振测井反演及应用　　　　　　　　　　　　　刘　亮　著

| 责任编辑：韩　骑 | 选题策划：韩　骑 | 责任校对：何澍语 |

出版发行：中国地质大学出版社（武汉市洪山区鲁磨路388号）　　　　邮编：430074
电　　话：(027)67883511　　　传　　真：(027)67883580　　E-mail:cbb@cug.edu.cn
经　　销：全国新华书店　　　　　　　　　　　　　　　　　　　http://cugp.cug.edu.cn

开本：787mm×1092mm　1/16　　　　　　　　　字数：156千字　　印张：6.25
版次：2025年3月第1版　　　　　　　　　　　　印次：2025年3月第1次印刷
印刷：广东虎彩云印刷有限公司

ISBN 978-7-5625-6157-6　　　　　　　　　　　　　　　　　　　　　定价：68.00元

如有印装质量问题请与印刷厂联系调换

前 言

致密砂岩气藏测井评价是勘探开发致密气藏的关键技术之一,核磁共振测井是致密砂岩气藏测井评价中的核心技术。长久以来,核磁共振测井在储层流体识别、孔隙度和渗透率计算等方面具有很大的应用价值,尤其在致密油气藏孔隙结构建立方面具有其他测井技术不可比拟的优势。核磁共振测井在致密砂岩气藏中的应用也存在测井资料解释失败的情况,例如受杭锦旗地区致密砂岩储层复杂孔隙结构和含气性的影响,该地区的水层经常出现核磁共振差谱信号、核磁孔隙度和渗透率计算值偏小等问题,不仅制约了杭锦旗地区勘探开发的进展,同时也对核磁共振测井在致密砂岩等复杂储层的有效应用提出了新的挑战。因此,需要对致密砂岩气储层展开核磁共振反演及应用研究,解决核磁共振测井在复杂储层的实际应用中出现的一些新问题。

本书利用杭锦旗地区测井资料开展核磁共振反演及应用研究。第一章以核磁共振测井资料为主,以常规测井资料为辅,结合岩心实验数据开展了储层特征分析,总结了不同地层岩性、物性、电性以及含气性特征;在分析典型气、水层测井响应特征的基础上,总结和提炼了气、水层核磁共振 T_2 谱十组分量分布特征。第二章描述了核磁共振测井和应用原理。第三章针对杭锦旗地区致密砂岩气储层特点,将黏土束缚水信号加入核磁共振二维反演;同时,建立一种基于交点定位法的黏土束缚水信号反演发散校正法,该方法基于谱峰定位和谱宽度计算,进而重建了黏土束缚水二维谱信号,能够解决除原始回波串采集质量原因之外的黏土束缚水信号反演发散问题。第四章结合反演研究成果开展了核磁共振测井应用研究。

本书在储层流体性质识别应用方面,分析了致密砂岩气、水层的弛豫特征变化机理,统计了杭锦旗地区气、水层的 T_1 和 T_2 谱分布范围特征,并依据该特征构建了杭锦旗地区 T_2-T_1 二维谱解释模版。通过二维核磁的应用,使得一维核磁各种流体信号重叠的问题得到有效的解决,储层流体性质的识别率已由原来一维核磁测井的 78% 上升至二维核磁的 91%。在孔隙度计算方面,建立了核磁联合声波时差的计算方法,抵消了部分含气性的影响,有效地缓解了利用核磁共振测井资料计算致密砂岩气层孔隙度普遍偏小的问题。在渗透率计算方面,建立了基于可变参数的新型核磁渗透率计算模型,该模型基于致密砂岩储层渗透率由其孔隙度和孔隙结构共同决定的原理,结合了岩心实验数据和核磁测井数据二者各自在渗透率计算上的优势。实例证明,新型核磁渗透率模型计算的渗透率与岩心分析渗透率相关系数达到 0.94,进一步提高了致密砂岩气储层渗透率的计算精度。在孔隙结构识别方面,本书建立了核磁十组分孔径分级法用于识别孔隙结构,既能识别出连续深度下储层孔隙结构的精细变化,也能够进一步基于泥浆驱替流体技术构建出新的伪毛管压力计算模型。经实例验证,该模型砂岩储层的伪毛管压力曲线与岩心压汞毛管压力曲线的符合率大于80%。

全书内容在笔者博士论文的基础上修订而成,由于笔者水平有限,书中难免存在一些不当之处,敬请广大读者批评指正!

笔 者

2024年9月

目 录

第一章 绪 论 (1)
  第一节 杭锦旗地区地质及储层特征 (1)
    一、地质构造及沉积特征 (1)
    二、储层特征 (3)
  第二节 核磁共振测井响应特征 (6)
    一、不同岩性核磁共振测井响应特征 (6)
    二、不同流体性质 T_2 谱组分占比特征 (7)
    三、岩心 T_2 截止值特征 (8)

第二章 核磁共振测井及应用原理 (9)
  第一节 核磁共振测井的物理基础 (9)
    一、单个原子核弛豫过程 (9)
    二、宏观原子核弛豫机制 (10)
  第二节 核磁共振仪器测量原理 (11)
  第三节 核磁共振测井应用原理 (14)
    一、流体性质识别原理 (14)
    二、储层参数计算原理 (17)
    三、孔隙结构识别原理 (20)

第三章 核磁共振测井反演 (21)
  第一节 核磁共振测井响应方程 (21)
    一、一维核磁共振 (21)
    二、二维核磁共振 (21)
  第二节 核磁共振数据压缩及反演算法 (22)
    一、数据压缩算法 (22)
    二、反演算法 (23)
  第三节 考虑黏土束缚水的二维核磁共振反演 (25)
    一、二维谱反演影响因素 (25)
    二、二维 T_2-D 谱反演 (28)

三、二维 T_2-T_1 谱反演 ·· (36)
　第四节　基于交点定位法的黏土束缚水信号校正 ··· (44)
　　一、交点定位法原理及方法 ·· (45)
　　二、应用实例 ·· (47)

第四章　核磁共振测井应用研究 ··· (50)
　第一节　核磁共振测井测前设计分析 ·· (50)
　　一、测前设计方法 ·· (50)
　　二、观测模式选择 ·· (53)
　第二节　流体性质识别 ··· (54)
　　一、致密砂岩气、水层弛豫特征变化机理分析 ·· (55)
　　二、杭锦旗地区气、水层弛豫谱特征分析 ·· (56)
　　三、流体性质识别在杭锦旗地区的应用实例 ·· (57)
　第三节　孔隙度计算 ··· (63)
　　一、孔隙度计算理论模型 ·· (63)
　　二、孔隙度计算在杭锦旗地区的应用实例 ·· (63)
　第四节　渗透率计算 ··· (66)
　　一、基于可变参数的新核磁渗透率计算模型 ·· (66)
　　二、新渗透率模型在杭锦旗地区的应用实例 ·· (69)
　第五节　孔隙结构评价 ··· (75)
　　一、孔隙结构评价模型 ·· (75)
　　二、基于泥浆驱替流体的横向系数转换 ·· (75)
　　三、基于十组分孔径分级的孔隙结构评价法及纵向系数转换 ························· (79)
　　四、新孔隙结构模型在杭锦旗地区的应用实例 ·· (81)

参考文献 ··· (85)

第一章 绪 论

第一节 杭锦旗地区地质及储层特征

一、地质构造及沉积特征

杭锦旗地区行政划属内蒙古自治区伊克昭盟,勘探面积 9 805.1km²。该地区主要位于鄂尔多斯盆地北部的伊盟隆起和中部伊陕斜坡构造的结合部位(图 1.1),少部分位于西部天环坳陷构造带。伊盟隆起呈北东高、南西低的斜坡构造,伊陕斜坡呈西部高、东部低的特征。由于处于构造结合部位,杭锦旗地区主要发育了三眼井和泊尔江海子两条断裂,内部地质特征较为复杂,不同井区之间储层特征不尽相同,地区内岩性、物性及含气性特征横向展布变化较快。

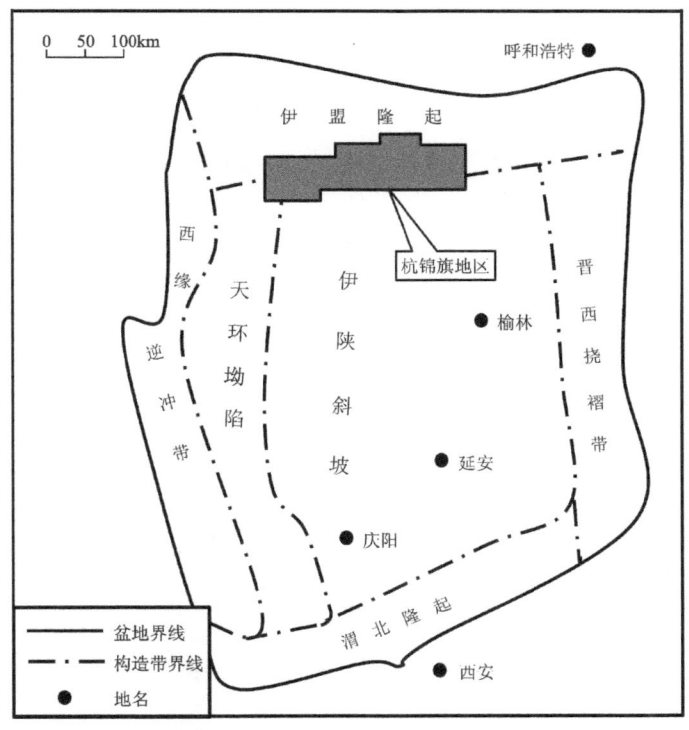

图 1.1 杭锦旗地区地理及构造位置示意图

杭锦旗地区发育多层叠合大型岩性圈闭。从下至上,上古生界储集层主要分布在太原组、山西组、上下石盒子组的致密砂岩储层中。该地区的烃源岩层主要为太原组、山西组广泛发育的泥岩和煤层。盖层主要为石千峰组,该组厚层泥岩广泛发育,形成了主要的封盖条件。杭锦旗地区各组段地层划分见表1.1。

表1.1 杭锦旗地区地层划分表

界	系	统	组	段
新生界	第四系	全新统		
中生界	白垩系	下统	志丹群	
	侏罗系	中统	安定组	
			直罗组	
		中下统	延安组	
	三叠系	上统	延长组	
		中统	二马营组	
		下统	和尚沟组	
			刘家沟组	
上古生界	二叠系	上统	石千峰组	
			上石盒子组	
		中统	下石盒子组	盒三段
				盒二段
				盒一段
		下统	山西组	山二段
				山一段
	石炭系	上统	太原组	
下古生界	奥陶系	下统	马家沟组	
中元古界				

注:——为整合接触,……为平行不整合接触,～～～为角度不整合接触。

主要储集层下石盒子组为冲积平原-辫状河沉积体系,发育河道及心滩沉积,除杭锦旗西北部地区、浩绕召古隆起无沉积外,其余地区皆有分布,下石盒子组岩石粒度下粗上细,具有较明显的正旋回性特征。山西组为扇三角洲平原-辫状河沉积,储层岩石以粗砂岩为主,含砾粗砂岩、砂砾岩次之。太原组主要分布在泊尔江海子断裂以南地区,主要为海陆交互相滨岸亚相泥坪、沼泽微相沉积,发育煤层及暗色泥岩,成为杭锦旗地区主要的烃源岩,储层底部发育一套粗砂岩。

二、储层特征

1. 岩性特征

根据杭锦旗地区 95 块岩性分析数据(图 1.2)可知,杭锦旗地区主要为长石岩屑砂岩和岩屑砂岩,石英砂岩和岩屑石英砂岩次之,含少量长石石英砂岩和岩屑长石砂岩。其中下石盒子组主要为长石岩屑砂岩和岩屑砂岩,山西组和太原组主要为石英砂岩、长石岩屑砂岩和岩屑石英砂岩,岩石碎屑物总量较高,偶见长石碎屑。

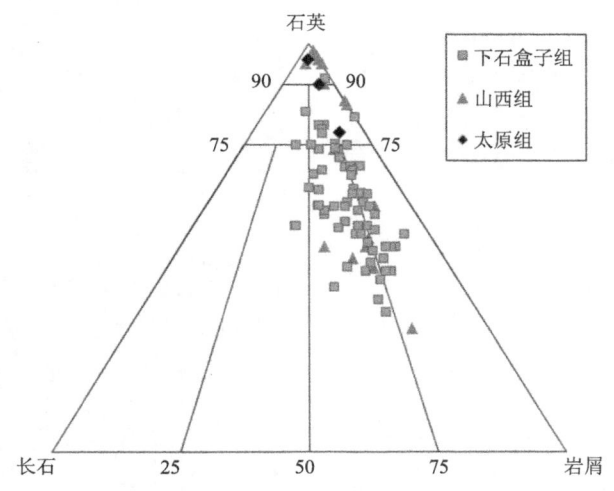

图 1.2 杭锦旗地区主要含气地层岩石类型三角图

2. 物性及孔隙类型特征

物性主要指储层的孔隙度和渗透率。统计 70 块岩心物性资料发现(表 1.2),杭锦旗地区主要储层段的孔隙度总体分布在 4.3%～22.7% 之间,平均为 9.6%,渗透率分布在 $(0.03～8.72)\times10^{-3}\mu m^2$ 之间,平均为 $0.84\times10^{-3}\mu m^2$。由此来看,杭锦旗地区虽然少量储层孔隙度大于 20%,但总体平均值较低,属于低孔低渗致密砂岩储层。

表 1.2 杭锦旗地区主要储层段物性统计表

层位	孔隙度(%)		渗透率($\times 10^{-3} \mu m^2$)	
	分布范围	平均值	分布范围	平均值
下石盒子组	4.3~20.2	8.2	0.07~5.78	0.85
山西组	4.3~22.7	11.5	0.04~3.21	0.72
太原组	5.2~21.5	10.5	0.03~8.72	0.91
综合	4.3~22.7	9.6	0.03~8.72	0.84

通过观察 JY1 井、JY2 井、JY3 井和 JY4 井 61 块扫描电镜资料,杭锦旗地区上古生界储层的微观孔包括:残留粒间孔、粒内溶孔、粒间次生溶孔、基质内微溶孔、晶间孔和微裂缝(图 1.3)。其中残留粒间孔最多,其孔径介于 10~100μm 之间,其他孔隙孔径一般都小于 15μm。

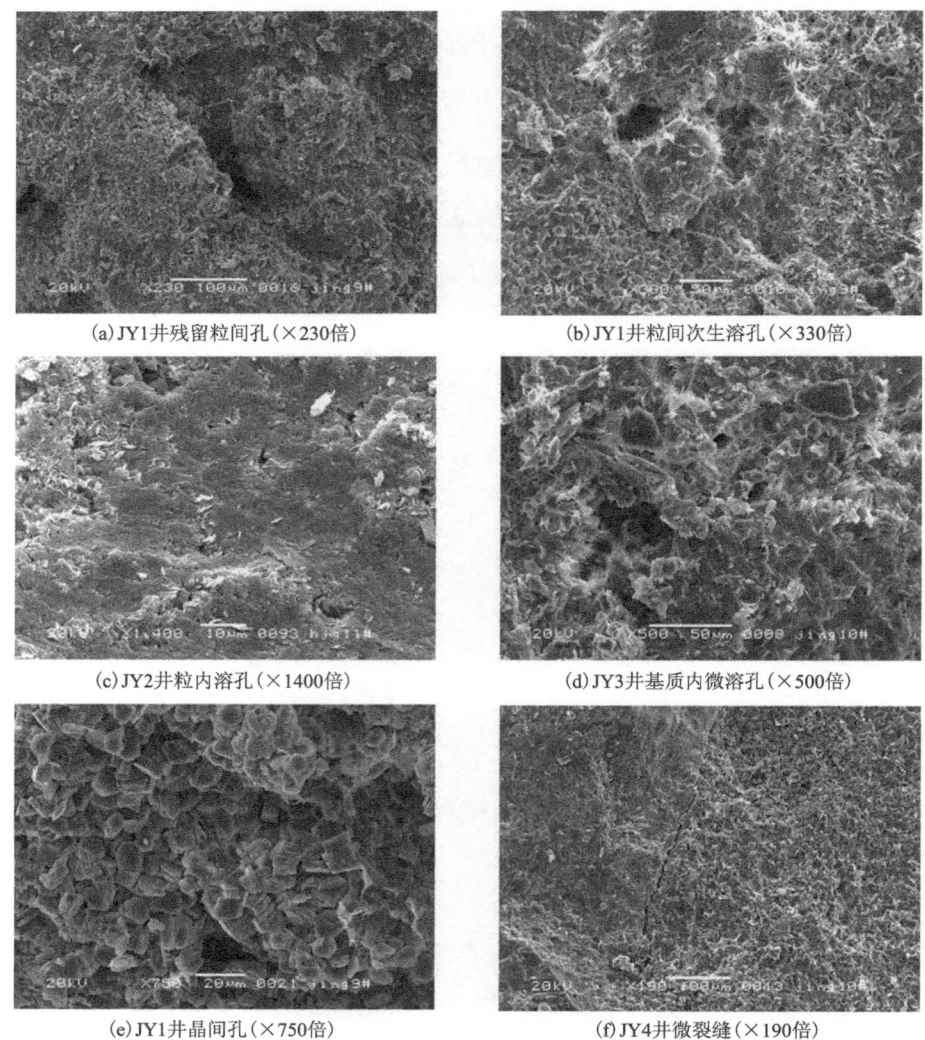

(a) JY1 井残留粒间孔($\times$230 倍)　　(b) JY1 井粒间次生溶孔($\times$330 倍)

(c) JY2 井粒内溶孔($\times$1400 倍)　　(d) JY3 井基质内微溶孔($\times$500 倍)

(e) JY1 井晶间孔($\times$750 倍)　　(f) JY4 井微裂缝($\times$190 倍)

图 1.3 杭锦旗地区储层岩石扫描电镜图

微裂缝有一定的储集意义,常与次生孔隙相连通,使岩石渗透性得到一定程度的改善。粒间孔大部分被泥质充填,其次被方解石、硅质充填,且在黏土矿物和高岭石中最为普遍,其次是伊利石、蒙脱石。各孔隙类型频率统计见图1.4。

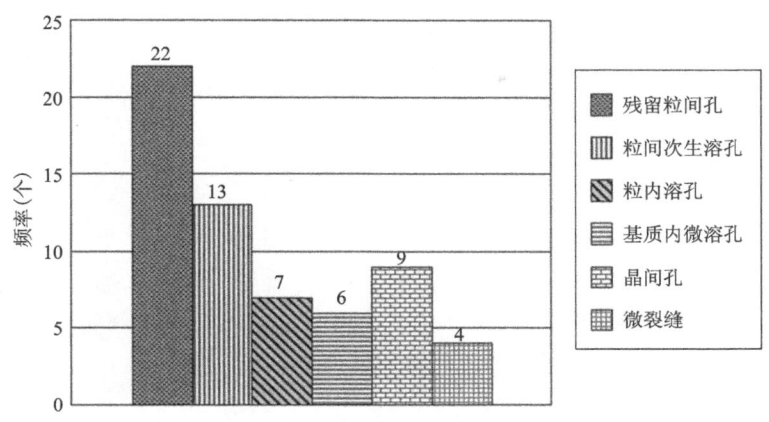

图1.4 杭锦旗地区储层孔隙类型统计频率图

3. 常规地球物理测井及含气性特征

杭锦旗地区含气储层常规地球物理测井特征总体表现为"两低一高",即低自然伽马、低中子、高声波时差。渗透好的储层,其自然电位异常也比较明显。该地区同时存在低阻和高阻两种气层。一般来说,产量较高的气层表现为低自然伽马、自然电位负异常、低密度、低中子、高声波时差、高电阻率、气测异常较高,以及密度与中子测井曲线有幅度差,深侧向电阻率呈低侵或无侵特征。根据不同岩性的常规地球物理测井特征和含气性不同,将杭锦旗地区的常规地球物理测井和含气性特征按岩性分类统计,统计结果见表1.3。

表1.3 杭锦旗地区主要储层常规地球物理测井参数及含气性特征统计表

岩性	常规地球物理测井参数				含气性
	自然伽马（API）	声波时差（μs/m）	深侧向电阻率（Ω·m）	密度（g/cm³）	含气饱和度（%）
含砾粗砂岩	<50	230~255	40~70	2.1~2.4	60~70
粗—中砂岩	<70	217~230	13~40	2.4~2.55	50~60
细—粉砂岩	>70	<217	<13	>2.55	<50

第二节 核磁共振测井响应特征

一、不同岩性核磁共振测井响应特征

储层的孔隙度、孔径大小、孔径分布等受控于岩石的物性,而岩石的物性很大程度上又受控于岩性,所以不同的岩性呈现出不同的核磁共振 T_2 谱测井响应。如图1.5(a)所示,铸体薄片分析其岩性为含泥质粗砂质中粒岩屑砂岩,岩石颗粒间多被泥质、碳质胶结物充填,泥质成分主要为高岭石、伊利石,多数颗粒紧密镶嵌,受挤压发生形变,部分石英次生加大。其对应 T_2 谱主峰位于 20~200ms,分布相对集中且幅度较高,反映了储层具有中等孔径的孔隙且孔隙度相对较高。图1.5(b)岩性为含泥质细砂质中粒岩屑砂岩,砂质颗粒变细,岩石颗粒间多被泥质及少量方解石等胶结物充填,泥质成分主要为高岭石、伊利石,个别颗粒边缘被方解石轻微交代,孔隙主要为晶间微孔,粒间孔隙分布较少。其对应 T_2 谱主峰位于 4~50ms 且幅度降低,反映了储层为小孔径孔隙且孔隙度相对降低。图1.5(c)岩性为含泥质粗粒岩屑砂岩,岩石颗粒间多被方解石、泥质等充填,泥质成分主要为高岭石、伊利石,个别颗粒边缘被方解石轻微交代。其对应 T_2 谱主峰位于 2~30ms,分布更为靠前,储层多为小孔径孔隙,反映了对于岩屑砂岩来讲,颗粒粒度变粗并不一定都对孔隙度的增加、孔径的增大以及孔隙结构的变化起积极作用,对孔隙增大起积极作用的因素还有胶结物和颗粒磨圆度,这些都取决于在岩石沉积过程中的沉积速率和搬运距离。图1.5(d)岩性为细砂质中粒岩屑石英砂岩,岩石颗粒间紧密镶嵌,少量被泥质充填,泥质成分主要为高岭石。与岩屑类砂岩相比,其对应 T_2 谱主峰

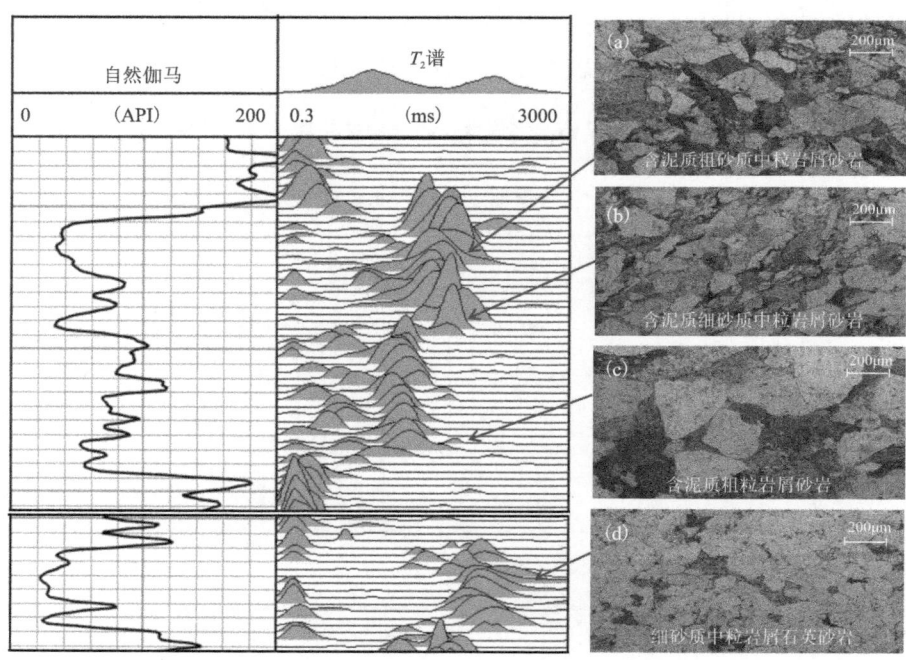

图1.5 杭锦旗地区JX2井核磁共振测井与岩心铸体薄片图

更为靠后且幅度变缓,主峰位于 100～500ms,且幅度降低、分布变广,反映其多为大孔径孔隙。总体来说,泥岩 T_2 谱峰最为靠前且集中,主体位于 0.3～3ms,且储层泥岩 T_2 谱普遍存在,泥质和毛管束缚水含量较多。岩屑类砂岩颗粒多呈棱角状,磨圆度差,T_2 谱峰相对集中且幅度较高,中孔较多,大孔较少。石英类砂岩颗粒多呈椭圆状,磨圆度好,T_2 谱峰更为靠后,分布范围变宽且幅度较低,以中到大孔为主。

二、不同流体性质 T_2 谱组分占比特征

储层内不同的流体性质会对 T_2 谱产生不同的影响,杭锦旗地区储层气水关系较为复杂,天然气对 T_2 谱的影响更大。为了阐明不同流体性质的 T_2 谱组分占比特征,统计了杭锦旗地区 10 口井共 20 层典型储层的 T_2 谱分量占比,这些储层解释结论的正确性均已被生产测试

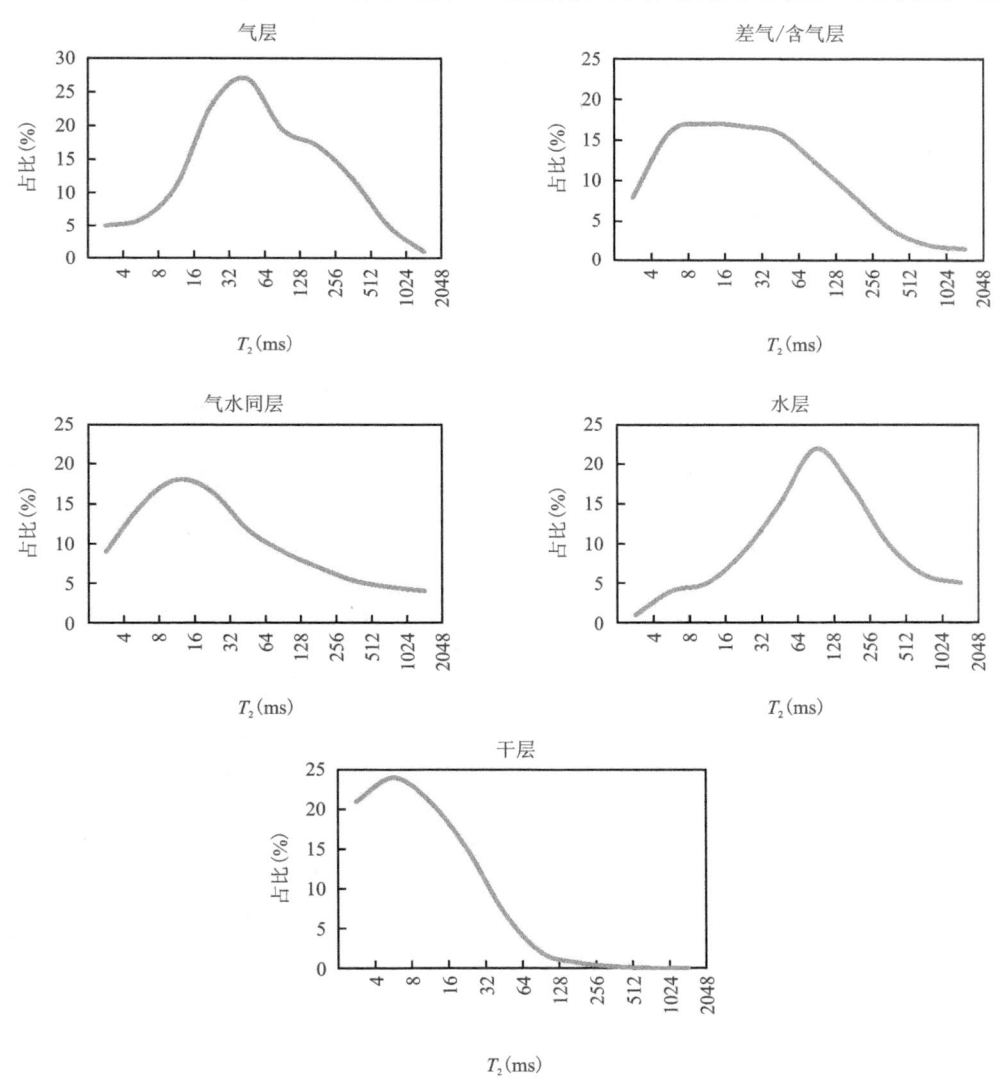

图 1.6 杭锦旗地区各类储层 T_2 组分占比曲线图

资料证实,因此具有一定的统计价值和代表性。如图 1.6 所示,将 T_2 全谱在 4～2048ms 细分为十个孔径组分,统计 20 层储层中各个孔径分量的占比,可以观察出不同流体孔径分量的不同特征。气层的 T_2 谱中 32ms 和 64ms 分量占比较多,128～512ms 分量占比次之;差气以及含气层 T_2 谱分量主要分布在 8～64ms;气水同层的 T_2 谱分量主要分布在 8～32ms,且在 64～2048ms 组分占比增加;水层 T_2 谱分量主要分布在 64～256ms,且在 512～2048ms 组分占比增加;干层 T_2 谱分量主要分布在 4～8ms,其他分量从 16ms 开始占比逐渐下降。由此可知,对于杭锦旗地区典型储层来说,其 T_2 谱分量占比特征也较为明显,具有一定的分布规律。在实际测井资料中 T_2 谱与典型储层占比谱的意义不完全一样,实际测井 T_2 谱中大多数具有双峰或者多峰结构,各种流体类型形态更为复杂,要具体问题具体分析,但典型储层占比谱可以为核磁测井资料解释提供一定的地区经验性认识,从而能更好地鉴别出复杂储层的流体性质。

三、岩心 T_2 截止值特征

核磁共振测井计算储层孔隙度的优势在于能分别识别出可动流体和束缚流体的体积,二者是以 T_2 截止值为界限进行计算的,因此拥有准确的 T_2 截止值具有重要意义。如图 1.7 所示,经过实验分析共获取了 JY7 井和 JY8 井 16 块岩心实验室分析 T_2 截止值,这些岩心来自含气地层下石盒子组、山西组和太原组。总体来看,岩心 T_2 截止值分布范围为 6.103～15.994ms,平均为 12.7ms。图 1.7 中数据点为岩心分析 T_2 截止值数据点,竖直线为平均 T_2 截止值。因此,12.7ms 可以作为当前杭锦旗地区下石盒子组—太原组地层的统一 T_2 截止值。后期若获得更多的核磁共振岩心实验分析数据,则可以进一步按地层分类从而细分各个地层的 T_2 截止值。

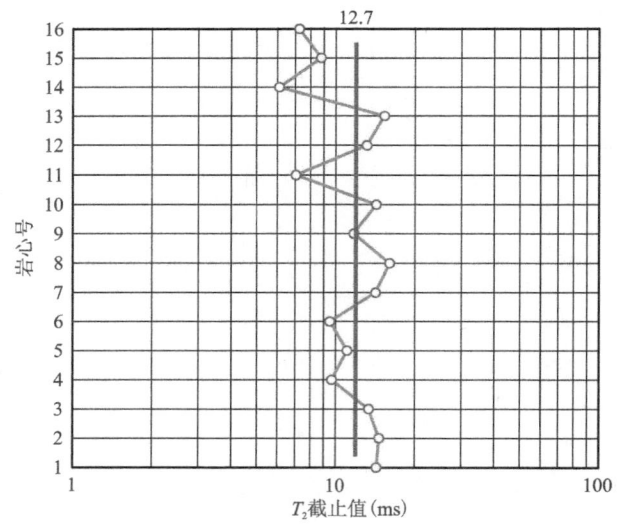

图 1.7 杭锦旗地区岩心分析 T_2 截止值

第二章　核磁共振测井及应用原理

第一节　核磁共振测井的物理基础

原子核的磁共振现象是实现核磁共振测井的物理基础。原子核由质子和中子组成，二者统称核子，原子序数为奇数的原子核都具有自旋现象。自旋产生磁场，该磁场的强度和方向可以用核磁矩矢量来表示，带有磁矩的磁核具有拉莫尔共振频率，元素的旋磁比和外加磁场强度共同决定了拉莫尔共振频率。当一个物体没有外加磁场时，核磁矩随机取向，当施加一个恒定的静磁场和一系列射频脉冲时，核子便可以被人为控制而产生可观测的回波信号，核磁共振测井技术就是利用原子核的磁性和它们与外加磁场的相互作用来实现井中核磁测量的。

一、单个原子核弛豫过程

从单个原子核角度看，整个相互作用的过程可以用图 2.1 表示，单个原子核自旋时产生核磁矩可表示为

$$\mu = \gamma P \tag{2.1}$$

式中：γ 为旋磁比，不同的原子核具有不同的固定值，对于氢原子 ^{1}H，其 $\gamma/2\pi = 4.257\ 707 \times 10^3$（Hz/Gauss，即 Hz/Gs）；$P$ 为自旋角动量。单个原子核的核磁矩是随机取向的，当没有外加磁场时宏观上并不显示磁性。当对核磁矩施加外加的静磁场，会受到力矩的作用产生类似于陀螺围绕重力场的进动，其频率遵循拉莫尔方程，即

$$f = \gamma B_0 / 2\pi \tag{2.2}$$

式中：B_0 为外加磁场的磁感应强度，氢核在强度为 0.025T 的外加磁场中，其拉莫尔进动频率为 1.065MHz。在此基础上进一步对进动的原子核施加射频脉冲，使其产生弛豫。这个弛豫过程可描述为：①在射频脉冲施加前，自旋系统处于平衡状态，单个磁化量 M 与 B_0 方向相同；②射频脉冲施加时，M 与 B_0 垂直，产生磁共振，核自旋系统吸收外界能量，由低能态跃升至高能态；③当射频脉冲施加完成后，M 会朝 B_0 方向恢复，在恢复的过程中，M 可以分解成 XY 平面的分量 M_{XY} 和 Z 方向的分量 M_Z。当 M_{XY} 趋近于 0 时，称为横向弛豫过程，所需要的时间称为横向弛豫时间 T_2，弛豫的速率为 $1/T_2$。当 M_Z 趋近于 Z 轴时，称为纵向弛豫过程，所需要的时间称为纵向弛豫时间 T_1，弛豫的速率可以表示为 $1/T_1$。整个核自旋系统由非平衡时的高能态恢复到平衡时的低能态，完成一个弛豫过程（M 的朝向由 Y 轴往 Z 轴方向恢复的过程）。

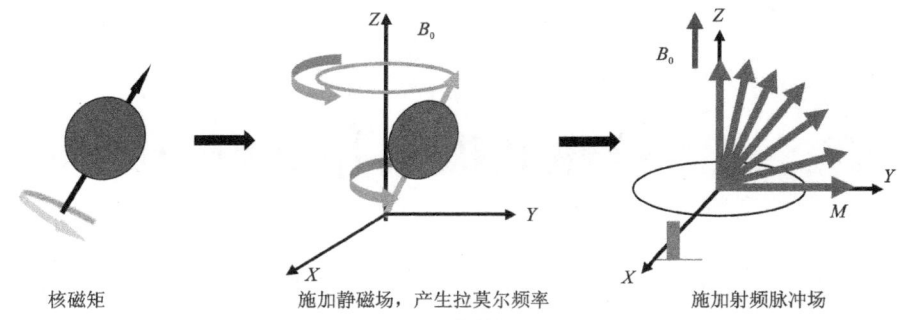

图 2.1 单个原子核弛豫过程示意图

二、宏观原子核弛豫机制

在实际测井过程中,核磁共振仪器探测的是大量原子核的群体性表现,即宏观综合反应。在单位体积内所有核磁矩的和称为宏观磁化量 M,表示为

$$M = \sum \mu_i \tag{2.3}$$

式中:每个原子核的磁矩为 μ_i。M 也称为净磁化矢量和。

在施加静磁场前,核自旋的方向是杂乱的(图 2.2),其矢量和等于零,即 M 为 0。当施加静磁场后,整个自旋系统被磁化,原子核变得规则而有序。根据量子学理论,此时氢原子自旋原子核磁矩会有 2 个特定的取向,即同向和反向平行于 B_0(图 2.3)。

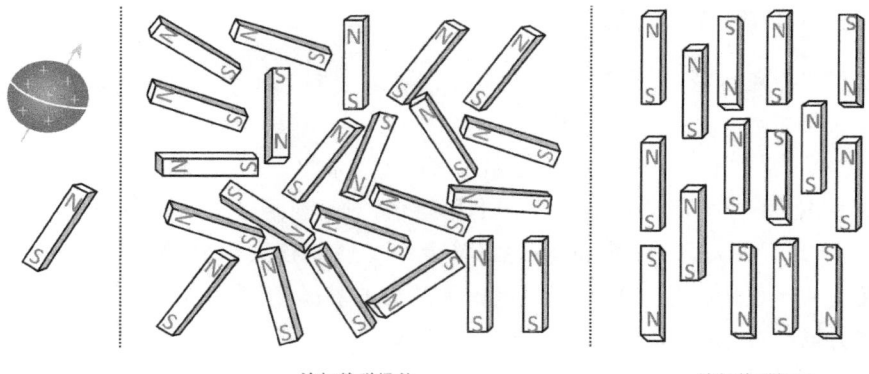

图 2.2 宏观原子核磁化示意图

置于外加恒定磁场 B_0 中的含氢介质,各个核磁矩都绕着磁场方向进动,达到热平衡时,纵向分量与磁场方向一致的核磁矩数目略大于反方向的核磁矩数目,其矢量和不再等于零,呈现一定大小的宏观磁矩,产生一个净的磁矩矢量和,其取向服从玻尔兹曼分布,此时宏观磁化量的强度大小为

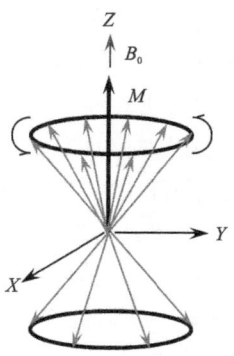

图 2.3 多个原子核磁化示意图

$$M = \frac{N\gamma^2 h^2 I(I+1)B_0}{3kT} \quad (2.4)$$

式中:N 为单位体积内的核自旋数;h 为普朗克常数;k 为玻尔兹曼常数;T 为绝对温度;I 为角动量算子,无量纲。和单个原子核弛豫过程相似,射频脉冲施加前,整个自旋系统处于平衡状态,磁化矢量与静磁场方向相同;射频脉冲作用期间,磁化矢量偏离静磁场方向;射频脉冲作用完后,磁化矢量通过自由进动,朝 B_0 方向恢复,完成一个宏观弛豫过程。

第二节 核磁共振仪器测量原理

对上述被磁化后的宏观自旋系统,施加一个与静磁场垂直并且以进动频率振荡的交变磁场 B_1。此时处于低能态的核磁矩吸收交变电磁场的能量跃迁到高能态,表现为磁化强度相对于外磁场发生偏转。交变电磁场既可以连续的形式施加,也可以短脉冲的形式施加。现代核磁共振测井仪器大多采用脉冲方法。加上 B_1 后,与 B_0 平行的磁化矢量 M 将被扳倒,磁化矢量被扳倒的角度与加给自旋的能量成正比。90°脉冲将宏观原子核从纵轴方向转到水平面,180°脉冲引起磁化矢量的反转(图 2.4)。

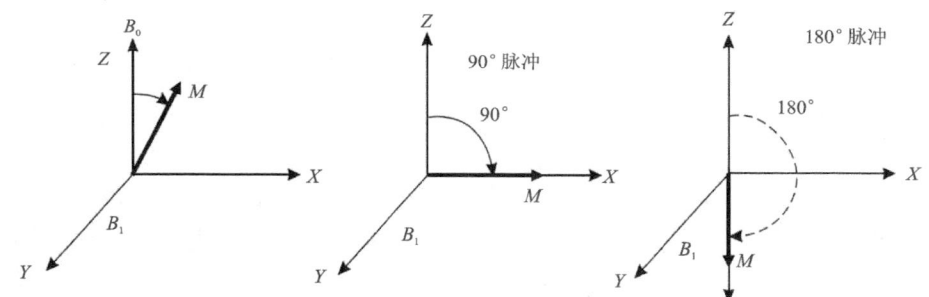

图 2.4 射频脉冲施加示意图

核磁共振的测量方法主要有 3 种:自由感应衰减法、反转恢复法和自旋回波法。自由感应衰减法是利用射频脉冲和预极化使与静磁场 B_0 平行的核磁化强度 M_0 转 90°,以激发自由进动信号,观测得到的信号即是自由感应信号。在实际测量中,该方法激发的信号衰减很快,检测到的自由感应衰减信号很小,只有微伏数量级,数据具有很低的信噪比,早期的斯伦贝谢公司的 NMT 系列核磁测井仪采用这种方案。反转恢复法主要用来测量纵向弛豫时间,其测量原理为将初始磁化矢量 M_0 沿静磁场方向施加一个与 M_0 完全反向的 180°脉冲使 B_0 反转,经过延迟,Z 方向的纵向磁化矢量受纵向弛豫作用逐步恢复,然后再施加一个 90°脉冲将 Z 方向剩余的纵向磁化矢量扳转到 X 轴(或 Y 轴),进行检测,测出自由感应信号。经过一段延迟,磁化矢量完全恢复正常之后,再开始下一个测量。自旋回波法基本原理是首先发射一串 90°脉冲,接着再发射一串 180°脉冲,构成一个测量序列,简称 CPMG 序列。在一个完整的 CPMG 序列中,包含核子线性排列、自旋扳倒、进动、重复、失相、重聚等过程。自旋回波法提高了信噪比,可以消除因扩散而对测量结果带来的误差,使结果更为准确可靠。现代 MRIL-P 型核磁仪便采用这种方法进行测量。由于杭锦旗地区均采用 MRIL-P 型核磁仪做一维和二维的核磁共振测量,故本书仅针对 P 型核磁原理做简要介绍。

如图 2.5 所示,一维 CPMG 序列测量包括一系列的极化和衰减过程,极化由施加的外磁场产生,极化时间用 T_1 表示,极化的结果是产生一个可观测的宏观磁化矢量,整个过程持续的时间也称为等待时间(T_W)。然后核磁仪器向地层发射特定能量、特定频率和特定时间间隔(T_E)的电磁波脉冲,产生自旋回波信号,并接收按指数规律衰减的回波串,其衰减时间用 T_2 表示。

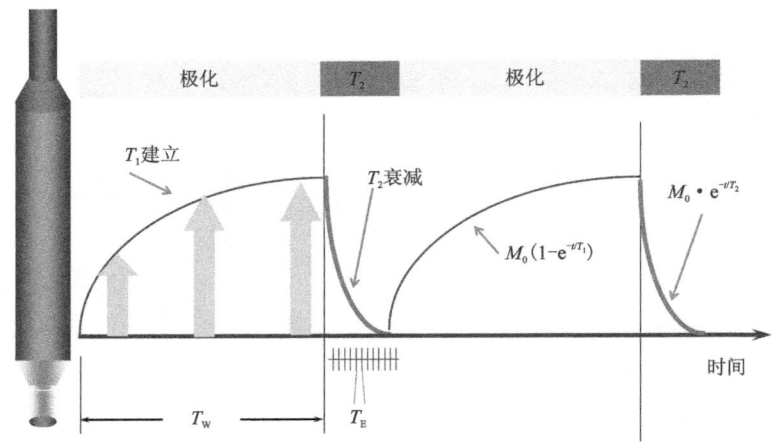

图 2.5　MRIL-P 型一维核磁测量原理示意图(肖立志等,2001)

一维核磁测井一般只关注 T_2 弛豫时间,其由一系列自旋回波串经过反演处理得到。以单回波间隔和双等待时间测井模式得到的测井资料为例(图 2.6),第 3 道是长等待时间下测井得到的回波串,在反演得到 T_2 谱之前需要先对回波串进行拟合回归以增加信噪比,FECHOA 即为拟合后的高信噪比回波串信号。第 4 道是利用 FECHOA 曲线反演得到的长等待时间 T_2 谱。第 5 道、第 6 道分别是短等待时间下测井得到的回波串和反演得到的短等待时间 T_2 谱。T_2 谱与地层孔隙度的大小、孔隙直径的大小、孔隙中流体的性质等因素息息相关。在实际的测量中,如果想得到一个完整岩石孔径的 T_2 分布,则两个回波串之间的等待时间必须大于 95% 的核子极化的时间,即长等待时间,其等于 3 倍的 T_1 时间。通过长、短两组不同等待时间测量的 T_2 谱是实现差谱识别油气层的理论基础,通过长、短两组不同回波间隔测量的 T_2 谱是实现移谱识别油气层的理论基础。二维核磁共振测井在一维核磁测井的基础上,增加了多组等待时间以及多组回波间隔,因此可以得到精确的 T_2、T_1 谱以及表征流体扩散运动能力的扩散系数 D,从而可以实现二维 T_2-T_1 以及 T_2-D 交会图谱,用来增强油气层的识别能力。

二维 T_2-T_1 测井是设置相同回波间隔和不同等待时间来采集多组回波串,通过回波串组解谱来获得二维 T_2-T_1 谱[图 2.7(a)]。二维 T_2-D 测井是设置相同等待时间和不同回波间隔,来采集多组回波串,通过回波串组解谱来获得二维 T_2-D 谱[图 2.7(b)]。哈里伯顿公司的 MRIL-P 型二维核磁共振测井仪器不需要大量更改仪器线路,只需要利用一维测井的 INSITE 地面系统软件对采集的信号模式进行相应的升级。在 INSITE 地面系统中,二维采集系统共预置了 83 种观测模式。每一种观测模式均对等待时间 T_W、回波间隔 T_E、回波数 N_E、频带宽 BAND 等采集参数进行了不同的定义与设置,以实现一维到二维的功能升级。

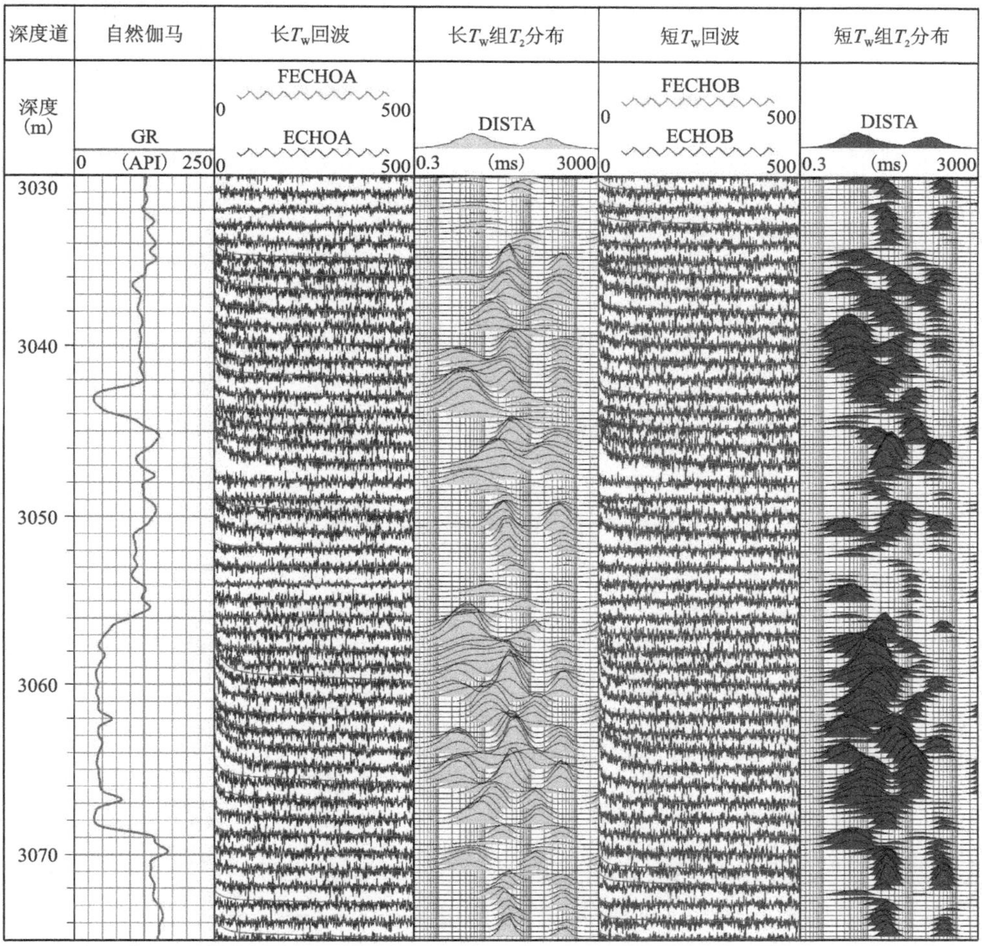

图 2.6 JX3 井 MRIL-P 型一维核磁测井实例图

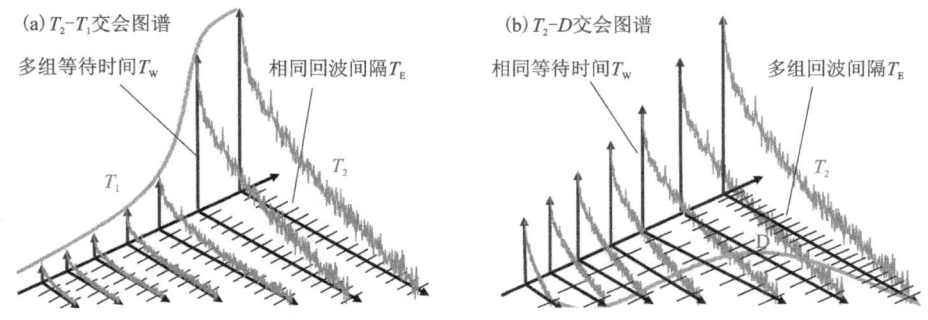

图 2.7 MRIL-P 型二维核磁测量原理示意图

第三节 核磁共振测井应用原理

一、流体性质识别原理

1. 一维核磁共振流体识别原理

1）差谱法（DSM）

差谱法是基于纵向弛豫时间 T_1 加权原理发展起来的（Akkurt et al.，1996，1998），又称双 T_W 观测法，其依据是轻烃与水的 T_1 具有较大的差异（图 2.8）。天然气与轻质油拥有比较长的 T_1，而水的 T_1 很短，因此二者需要的极化时间不同，较短的极化时间可以使孔隙水完全极化而只能使轻烃部分极化，表 2.1 列出了相同储层条件下各种流体的核磁共振性质。

表 2.1 储层流体典型核磁共振性质

流体类型	纵向弛豫时间 T_1(ms)	横向弛豫时间 T_2(ms)	典型 T_1/T_2	黏度 η(mPa·s)	含氢指数 HI	扩散系数 D ($\times 10^{-5}$ cm^2/s)
水	1~500	1~500	2	0.2~0.8	1	1.8~7
气	4000~5000	30~60	80	0.011~0.014	0.2~0.4	80~100
油	3000~4000	300~1000	4	0.2~1000	1	0.0015~7.6

理论上利用一个长等待时间 T_{WL} 使其流体全部极化时得到的 T_2 谱，减去一个短等待时间 T_{WS} 使其轻烃部分极化而水全部极化时得到的 T_2 谱，就可以去掉水的信号而保留未被极化的轻烃信号（图 2.9），用公式表示为

$$M(t) = \sum \left[M_w \exp(-t/T_{2w}) \right] + M_o \exp(-t/T_{2o}) + M_g \exp(-t/T_{2g}) \quad (2.5)$$

考虑极化效应，则有

$$M_{TWL}(t) = \sum \left\{ M_w(0) \left[1 - \exp(-T_{WL}/T_{1w}) \right] \exp(-t/T_{2w}) \right\} + $$
$$M_o(0) \left[1 - \exp(-T_{WL}/T_{1o}) \right] \exp(-t/T_{2o}) + \quad (2.6)$$
$$M_g(0) \left[1 - \exp(-T_{WL}/T_{1g}) \right] \exp(-t/T_{2g})$$

$$M_{TWS}(t) = \sum \left\{ M_w(0) \left[1 - \exp(-T_{WS}/T_{1w}) \right] \exp(-t/T_{2w}) \right\} + $$
$$M_o(0) \left[1 - \exp(-T_{WS}/T_{1o}) \right] \exp(-t/T_{2o}) + \quad (2.7)$$
$$M_g(0) \left[1 - \exp(-T_{WS}/T_{1g}) \right] \exp(-t/T_{2g})$$

$$\Delta M(t) = M_{TWL}(t) - M_{TWS}(t) \quad (2.8)$$

式中:$M(t)$为含油、气、水三项流体的自旋回波串幅度;$M_{TWL}(t)$、$M_{TWS}(t)$分别为长、短等待时间下考虑极化效应的自旋回波串幅度,$\Delta M(t)$为二者之差;$M_w(0)$、$M_o(0)$和$M_g(0)$分别为水、油、气在零时刻的自旋回波串幅度;T_{1w}、T_{1o}、T_{1g}以及T_{2w}、T_{2o}、T_{2g}分别为水、油、气的纵向和横向弛豫时间。

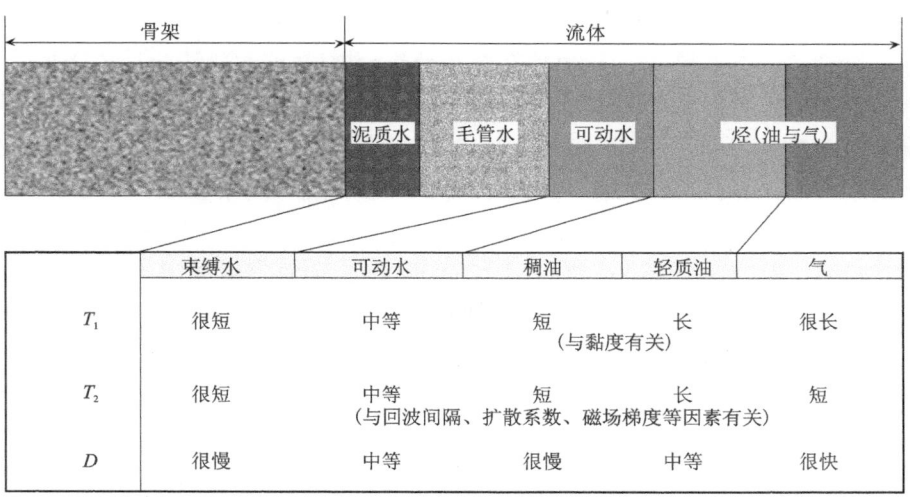

图 2.8 不同流体核磁共振特性

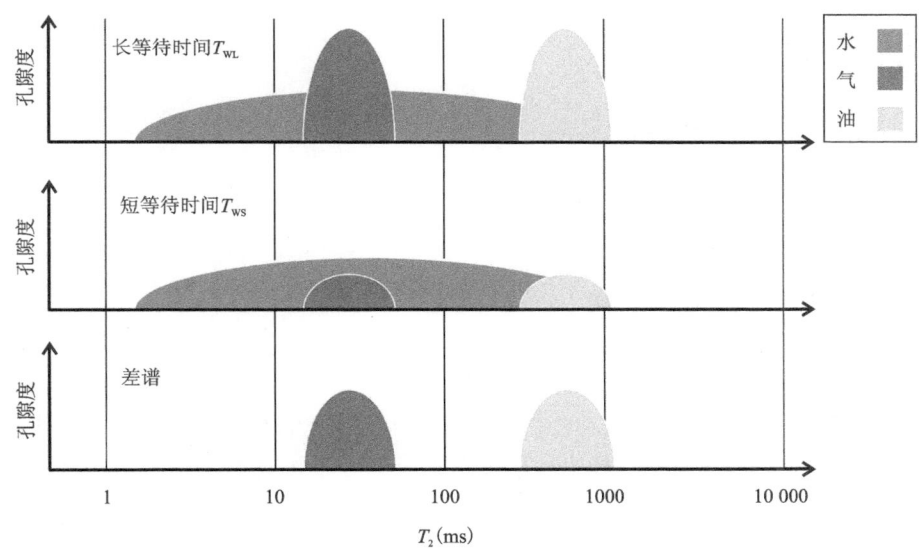

图 2.9 差谱法识别流体性质示意图

差谱法适用于含气和轻质油储层的流体识别,杭锦旗地区储层流体是气、水储层,适合用此方法来进行气、水层识别。理论上,该方法可以将含烃信号显示出来用以储层评价,但是在实际测井过程中,井下测井信号不可避免地会受到各种噪声的影响,这会干扰T_2谱的分布从而使该方法变得不太可靠,尤其在一些中、大孔径的水层,短等待时间也未能使孔隙水完全极化,使水层也出现差谱信号,从而影响了气水层的有效识别。

时间域分析法(TDA)在差谱法基础上进行了改良(Prammer et al.,1996),其在时间域利用长等待时间的回波串减去短等待时间的回波串,依据回波串差反演得到轻烃的T_2谱,这样的好处是减少了反演带来的误差,进一步增强了识别结果的可靠性(邓克俊,2010),但在实际应用中依然无法避免水层出现差谱信号而导致储层流体识别失败的问题。

2) 移谱法(SSM)

移谱法是基于扩散系数D加权原理发展起来的(Shafer et al.,1999),又称双T_E观测法。依据是油、气、水的扩散系数不同,当增大回波间隔时,三者T_2谱都会有所前移,但气的移动最快,水次之,油最慢,据此可以识别出油、气、水的信号(图2.10),尤其是高黏度的原油,可以和自由水的信号完全分开。但如表2.1所示,若是轻质油储层,其轻烃信号在储层内与可动水的扩散系数往往会发生重叠,这会导致即使在增加回波间隔后,二者前移的位置差别仍然很小,依然无法有效区分油水信号。对于气层来说,增加的长回波间隔也会把气的信号移动到束缚水的T_2分布区间,而且气的信号相对较弱,用改变T_E的方法很难探测到(邓克俊,2010)。所以,移谱法适用于油层,特别是稠油层的识别。

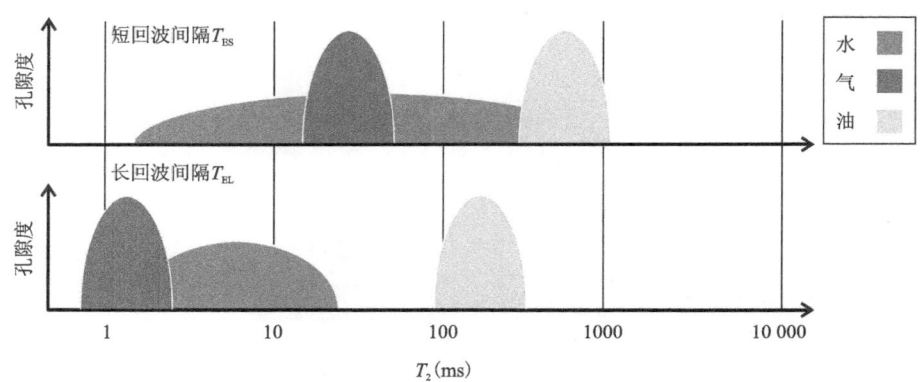

图2.10 移谱法识别流体性质示意图

增强扩散法(EDM)也是在移谱法基础上进行了改良(Akkurt et al.,1998),其选用一个较长的T_E值(4.8ms或6ms)来增强扩散效应,并且同时结合差谱法来识别储层流体性质。如图2.11所示,属于单个长T_E的双T_W测井,用来增强分析油的差谱信号。

事实上,移谱法只能是定性的,由于在实际地层中油、气、水的扩散系数以及谱移动距离的大小都是不能直接获得的,所以其识别结果也常常会变得不可靠(肖立志等,2001)。

2. 二维核磁共振测井流体识别原理

由于一维核磁共振只将横向弛豫时间T_2作为识别油气水层的参考轴,所以遇到油气水信号在T_2轴上的重叠情况时,储层流体性质识别将变得非常困难,在实际资料解释过程中也经常遇到此类情况。二维核磁共振的出现,充分利用了纵向弛豫时间T_1轴和扩散系数D轴,使得一维核磁各种流体信号重叠的问题得到有效的解决,大大提升了流体性质识别的精确度。如图2.12所示,二维核磁共振流体识别分为变等待时间(T_2-T_1)和变回波间隔(T_2-D)两种识别方法。

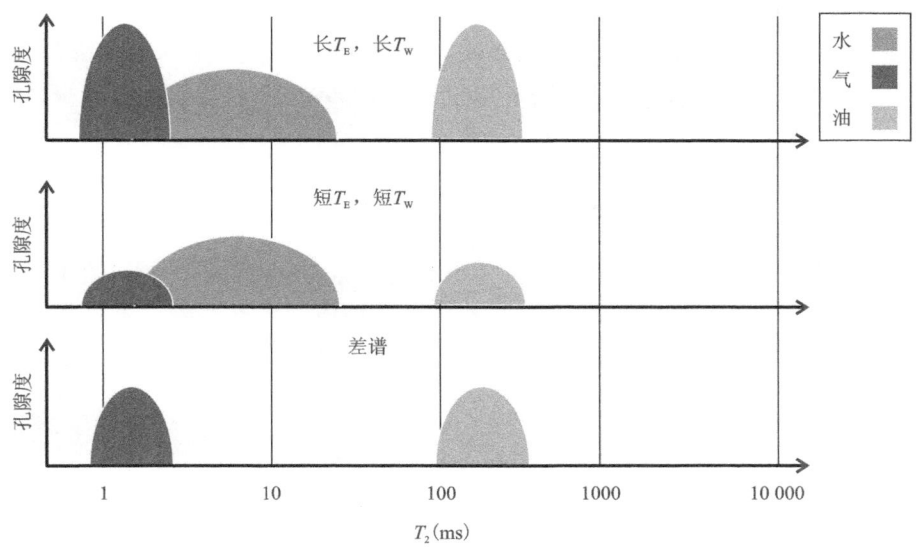

图 2.11　增强扩散法识别流体性质示意图

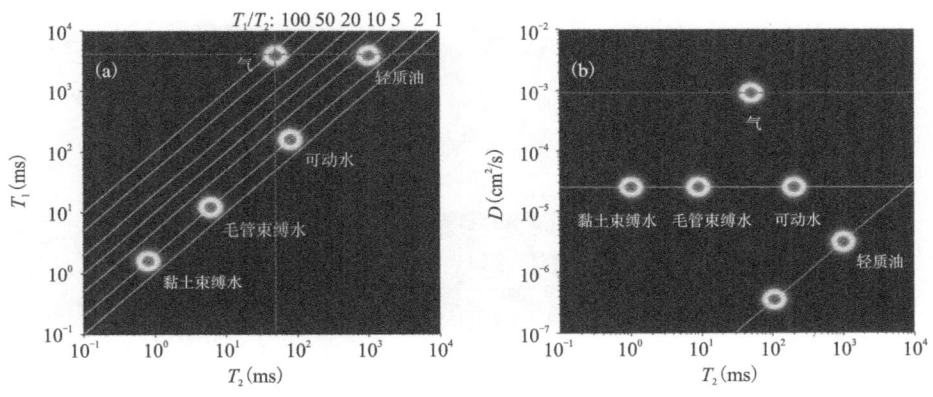

图 2.12　典型流体的二维和 T_2-T_1 和 T_2-D 谱流体性质识别图

在一维测井获得的 T_2 谱中,天然气和可动水信号容易重叠,不易区分,但如图 2.12(a)所示,在二维 T_2-T_1 谱中,天然气和可动水在纵轴 T_1 上发生分离,从而可以较容易地区分二者信号,对于具有典型核磁共振特性的储层流体来说,其 T_1 与 T_2 的比值一般水层为 2,气层为 80,油层为 4。二维核磁测井比一维核磁测井更充分地利用了这些流体核磁特征的差异从而进一步提升了储层流体的识别精度。相对来说,二维 T_2-T_1 谱对于识别气层或轻质油储层较为适合,而二维 T_2-D 谱对于识别油层较为适合(邓克俊,2010)。

二、储层参数计算原理

核磁共振测井储层参数的计算主要在孔隙度和渗透率两个方面有其独特的优势。孔隙度计算是核磁共振测井最常用和最重要的功能之一,与常规声波时差、密度和中子三种孔隙度测井的不同之处在于其能够提供各个孔径尺寸下的孔隙度分量,从而区分出黏土束缚水、毛管束缚水与可动流体的体积,这也为核磁共振测井计算渗透率和识别孔隙结构奠定了强大的基础。

1. 孔隙度计算

核磁共振提供各个组分孔隙度的原理见图 2.13,在一个标准的 T_2 谱中,从左往右孔径尺寸逐渐增大,形成了黏土束缚水、毛管束缚水和可动流体体积三者不同的分布范围。以黏土束缚水和毛管束缚水二者截止值界限 3ms 为例,各组孔隙度的计算公式分列如下。

黏土束缚水体积:
$$\text{MCBW} = \int_{T_{2\text{-min}}}^{3} S(T_2) \mathrm{d}T_2 \qquad (2.9)$$

毛管束缚水体积:
$$\text{MBVI} = \int_{3}^{T_{2\text{-cutoff}}} S(T_2) \mathrm{d}T_2 \qquad (2.10)$$

可动流体体积:
$$\text{MFFI} = \int_{T_{2\text{-cutoff}}}^{T_{2\text{-max}}} S(T_2) \mathrm{d}T_2 \qquad (2.11)$$

有效孔隙体积:
$$\text{MPHI} = \int_{3}^{T_{2\text{-max}}} S(T_2) \mathrm{d}T_2 \qquad (2.12)$$

总孔隙体积:
$$\text{MSIG} = \int_{T_{2\text{-min}}}^{T_{2\text{-max}}} S(T_2) \mathrm{d}T_2 \qquad (2.13)$$

式中:$T_{2\text{-min}}$ 为 T_2 谱的起始值;$T_{2\text{-max}}$ 为 T_2 谱的结束值;$T_{2\text{-cutoff}}$ 为 T_2 谱束缚流体与可动流体的界限值。

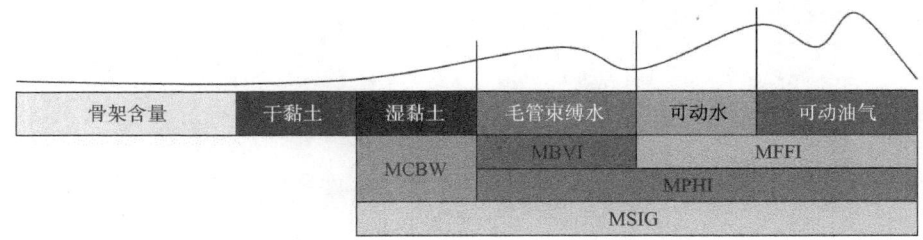

图 2.13 核磁共振 T_2 谱计算储层孔隙度示意图

2. 渗透率计算

渗透率是储层评价中重要的岩石物理参数,由于核磁共振能够提供多种孔隙组分,每种孔隙组分又对渗透率产生不同的贡献,所以利用核磁共振测井资料计算渗透率具有一定的优势。核磁共振计算渗透率有两个经典模型——SDR 模型和 Timur-Coates 模型。

1) SDR 模型

SDR 模型[图 2.14(a)]又称平均 T_2 模型,源自斯伦贝谢公司,公式为

$$K = aT_{2\text{-gm}}^2 \phi^4 \qquad (2.14)$$

式中:$T_{2\text{-gm}}$ 为 T_2 分布的几何平均值;a 为与地层相关的经验系数;ϕ 为孔隙度。理论上,SDR 模型由于考虑了孔隙结构的影响会使渗透率的精度提高,实践经验证明,SDR 模型在水层以

及含烃饱和度较低的储层使用效果较好,但是在含烃饱和度较高的油气层,烃的影响会造成$T_{2\text{-gm}}$的偏移,导致渗透率计算精度的降低(肖立志,2007a)。在含油饱和度较高的油层,由于油峰对T_2值的向后拖拽,$T_{2\text{-gm}}$值会增高而导致渗透率计算值偏高;在含气饱和度较高且物性较好的气层,由于天然气谱峰的影响,$T_{2\text{-gm}}$又会降低而导致渗透率计算值偏低;在致密砂岩气层,尤其是杭锦旗地区,较小的孔喉空间又会压制天然气的扩散系数而导致$T_{2\text{-gm}}$增大,对储层渗透率的影响会变得更为复杂。

2)Timur-Coates 模型

Timur-Coates 模型[图 2.14(b)]又称自由流体模型(Kenyon,1997;Coates et al.,2000),该模型也引入了表征孔隙结构的参数,公式为

$$K = \left(\frac{\phi}{C}\right)^4 \left(\frac{\text{MFFI}}{\text{BVI}}\right)^2 \tag{2.15}$$

式中:MFFI 为可动流体体积;BVI 为总束缚流体体积,BVI=MBVI+MCBW;C 为与地层相关的经验系数。

Timur-Coates 模型中利用可动流体与束缚流体的比值来表征孔隙结构对渗透率的作用,相对于 SDR 模型来说,只要选用的 T_2 截止值准确,就会减少储层含烃对 T_2 谱的影响,从而保证 MFFI 和 BVI 值的精确度。一般来说 BVI 的值不受地层含烃影响,受含烃影响的只有 MFFI 值,但是对于含有高残余油和气的储层来说,由于 BVI 也受到影响从而使 MFFI 与 BVI 的比值变低,导致渗透率偏低(肖立志,2007a)。即使如此,由于 MFFI 与 BVI 的比值相对于 $T_{2\text{-gm}}$ 来说更容易校正,所以,在实际使用中,Timur-Coates 模型相对来说更为实用,使用得也更为广泛。

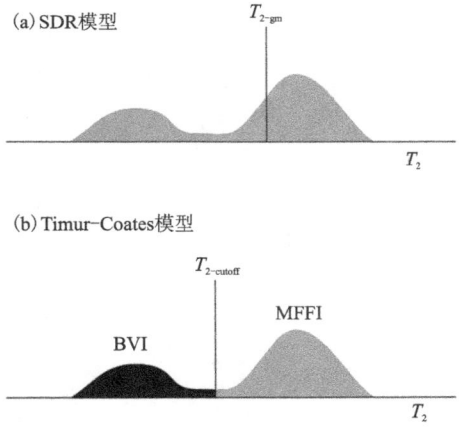

图 2.14 核磁共振渗透率计算经典模型示意图

许多学者基于核磁共振方法又发展了新的渗透率计算模型,黄乔松等(2004)建立了利用回波串计算渗透率的模型;朱林奇等(2016)建立了基于单元体积模型的核磁共振测井渗透率评价方法;范宜仁等(2018)基于核磁共振双的截止值建立了致密砂岩渗透率的评价方法;韩玉娇等(2018)建立了基于孔径组分的核磁共振测井渗透率计算模型。这些模型从不同角度丰富和发展了核磁共振渗透率的计算模型。

三、孔隙结构识别原理

核磁共振方法评价孔隙结构的方法有很多,其中最主要的方法是利用核磁共振构建毛细管压力曲线,进而实现对排驱压力、中值压力、喉道半径均值等反映孔隙结构参数的计算。由于弛豫时间是孔径分布的良好表征(肖立志,1998),最直接的方法是将进汞压力 p_C 与 T_2 建立转换系数,进而用来表征孔喉大小的分布范围(刘堂宴等,2003)。如图 2.15 所示,利用压汞取得的孔径 r 分布曲线可以与核磁共振 T_2 谱曲线之间建立转换系数,从而实现用核磁共振评价孔喉尺寸的分布。何雨丹等(2005)提出了分别建立大、小孔径的转换系数来提高构造毛管压力精度的方法。邵维志等(2009a)提出了利用纵横向转换系数的方法来构建伪毛管压力的方法。张飞等(2014)利用总孔隙度和 T_2 几何均值进行回归,获得了不同进汞饱和度的拟合方程来实现伪毛管压力的构建。各种方法都能很好地实现对研究区伪毛管压力的构建。

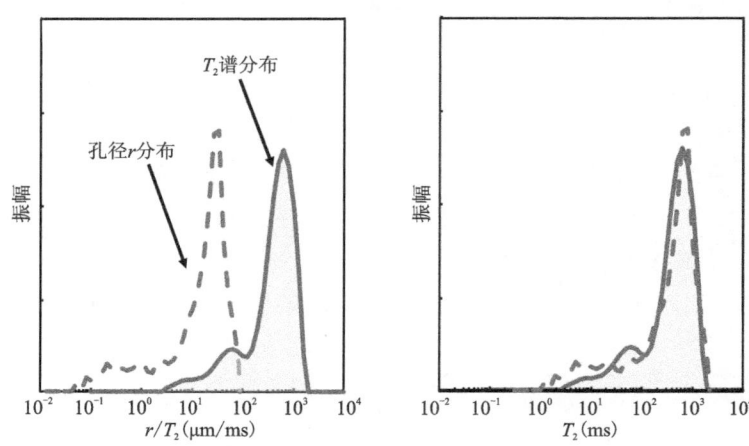

图 2.15 压汞孔径分布与核磁共振 T_2 谱转换示意图

第三章 核磁共振测井反演

核磁共振测井反演是利用回波信号,采用确定的反演算法进行解谱的过程。回波信号可以是采集的,也可以是预先设定的。利用反演可以明确核磁共振测井一维或二维谱的影响因素以及对其影响的程度,从而为地质体模型确定最佳的反演和校正方案。由于国内外已经存在较多的一维核磁反演研究,结论也相对比较成熟,故本章只针对二维核磁反演展开研究,以截断奇异值分解法(TSVD)探讨核磁共振反演的影响因素,讨论了在考虑黏土束缚水信号情况下的二维核磁共振反演,以及基于交点定位法的黏土束缚水发散信号校正方法。本章研究对杭锦旗地区致密砂岩气储层二维核磁的有效反演及其应用奠定了基础。

第一节 核磁共振测井响应方程

一、一维核磁共振

一维核磁共振测井通常是指对横向弛豫时间 T_2 谱进行测量,当等待时间足够长时,经过 CPMG 脉冲序列测量的响应方程用公式可表示为

$$b(t) = \int_{T_{2\text{-min}}}^{T_{2\text{-max}}} f(T_2)\exp(-t/T_2)\mathrm{d}T_2 + \varepsilon \tag{3.1}$$

离散形式可表示为

$$b(t) = \sum_{T_{2\text{-min}}}^{T_{2\text{-max}}} f(T_{2,i})\exp(-t_k/T_{2,i}) + \varepsilon_k \tag{3.2}$$

式中: i 为弛豫时间分量数; k 为回波个数; t_k 为采集时间; ε_k 为噪声; $f(T_{2,i})$ 为一维谱 T_2 的第 i 个弛豫时间分量的幅度。

二、二维核磁共振

Hürlimann 等(2002)、Sun 和 Dunn(2005)将波谱学中的二维概念引入到石油测井的应用中,使核磁共振的应用从一维提升到二维阶段。二维核磁共振测井仪通过对多组 CPMG 回波串的采集,经过反演就可以得到 T_2-D 以及 T_2-T_1 的二维谱。

1. T_2-D 谱

对于 T_2-D 谱,当有足够长的等待时间 T_W,存在多组回波间隔 T_E 时,磁场梯度为 G 的条

件下,CPMG 脉冲序列测量的响应方程用公式表示为

$$b(t, T_E) = \iint f(D, T_2) \exp\left(-\frac{t}{T_2}\right) \exp\left(-\frac{g^2 G^2 T_E^2 Dt}{12}\right) dD dT_2 + \varepsilon \tag{3.3}$$

式中:T_E 为回波间隔;D 为流体扩散系数;ε 为噪声;$f(D, T_2)$ 为二维谱的幅度;$b(t, T_E)$ 为回波串在 t 时刻的信号幅度。上式的离散形式可以表示为

$$b_{i,j} = \sum_{q=1}^{n_2} \sum_{p=1}^{n_1} f_{p,q} \exp\left(-\frac{t_j}{T_{2,q}}\right) \exp\left(-\frac{g^2 G^2 T_{E_i}^2 D_p t_j}{12}\right) + \varepsilon_{i,j} \tag{3.4}$$

式中:p 为扩散系数 D 的分量个数;q 为 T_2 的分量个数;i 为回波间隔分量数;j 为弛豫时间分量数;$b_{i,j}$ 为回波串信号幅度;$f_{p,q}$ 为二维谱 T_2-D 的幅度。

2. T_2-T_1 谱

当存在多组等待时间 T_W 时,CPMG 脉冲序列测量的响应方程用公式表示为

$$b(t, T_W) = \iint f(T_1, T_2) \left[1 - \exp\left(-\frac{T_W}{T_1}\right)\right] \exp\left(-\frac{t}{T_2}\right) dT_1 dT_2 + \varepsilon \tag{3.5}$$

其离散形式为

$$b_{i,j} = \sum_{q=1}^{n_2} \sum_{p=1}^{n_1} f_{p,q} \exp\left(-\frac{t_j}{T_{2,q}}\right) \left[1 - \exp\left(-\frac{T_{W_i}}{T_{1,p}}\right)\right] + \varepsilon_{i,j} \tag{3.6}$$

式中:p 为 T_1 的分量个数;q 为 T_2 的分量个数;$b_{i,j}$ 为回波串信号幅度,$f_{p,q}$ 为二维谱 T_2-T_1 的幅度。一维和二维测井的离散方程均可以用矩阵形式表示为

$$\boldsymbol{A}_{m \times n} \boldsymbol{f}_{n \times 1} = \boldsymbol{b}_{m \times 1} + \boldsymbol{\varepsilon}_{m \times 1} \tag{3.7}$$

式中:m 为回波个数;n 为谱分量数。

第二节 核磁共振数据压缩及反演算法

一、数据压缩算法

核磁共振测井数据量较大,尤其是二维核磁共振,在回波数据参与反演之前进行必要的数据压缩,能够显著地提升反演速度,使连续深度下的核磁测井资料得到快速、有效的处理,满足生产实践的需求。目前,核磁共振数据压缩主要有两种方法:窗口法和 TSVD(邹友龙,2016)。本书只选用截断奇异值分解法作为反演前的数据压缩方法,将式(3.7)改写为如下形式

$$\boldsymbol{b} + \boldsymbol{\varepsilon} = \boldsymbol{A}_r \boldsymbol{f} + (\boldsymbol{A} - \boldsymbol{A}_r) \boldsymbol{f} \tag{3.8}$$

式中:$\boldsymbol{b}$ 为回波串数据向量;$\boldsymbol{A}$ 为核矩阵。任何 $m \times n$ 阶矩阵 $\boldsymbol{A}$ 都可以分解为 3 个矩阵:正交矩阵 $\boldsymbol{U}_{m \times n}$、非负对角矩阵 $\boldsymbol{\omega}_{n \times n}$ 以及正交矩阵 $\boldsymbol{V}_{n \times n}$ 的转置,用公式可以表示为

$$\boldsymbol{A} = \boldsymbol{U}_{m \times n} \begin{bmatrix} \omega_1 & & & \\ & \omega_2 & & \\ & & \ddots & \\ & & & \omega_n \end{bmatrix} \boldsymbol{V}_{n \times n}^{\mathrm{T}} \tag{3.9}$$

式中：$\omega_1 \geqslant \omega_2 \geqslant \cdots \geqslant \omega_n \geqslant 0$。$r$ 为非零奇异值 ω_n 的阶数，A_r 表示为

$$A_r = U_{m \times n} \begin{bmatrix} \omega_1 & & & & & & \\ & \cdots & & & & & \\ & & \omega_r & & & & \\ & & & 0 & & & \\ & & & & \cdots & & \\ & & & & & 0 & \end{bmatrix} V_{n \times n}^{\mathrm{T}} \qquad (3.10)$$

核矩阵 A 的奇异值 ω_i 呈指数衰减，大部分趋近于 0 致使核磁共振反演呈严重病态，需保留前 r 个奇异值使 $(A - A_r)f \approx 0$，式(3.8)可以变为

$$b + \varepsilon \approx A_r f \qquad (3.11)$$

将式(3.11)两端同乘以 $U_{m \times r}^{\mathrm{T}}$，则可得到

$$U_{m \times r}^{\mathrm{T}} b_{m \times 1} + U_{m \times r}^{\mathrm{T}} \varepsilon_{m \times 1} \approx S_{r \times r} V_{n \times r}^{\mathrm{T}} f_{n \times 1} \qquad (3.12)$$

式(3.12)左边 $U_{m \times r}^{\mathrm{T}} b_{m \times 1} + U_{m \times r}^{\mathrm{T}} \varepsilon_{m \times 1}$ 即为回波串压缩后的数据，右边 $S_{r \times r} V_{n \times r}^{\mathrm{T}}$，即为压缩后的矩阵。

二、反演算法

目前，核磁共振反演算法主要有联合迭代重建算法(SIRT)、模平滑(BRD)等平滑类方法以及奇异值分解(SVD)类方法(秦臻，2017)。由于反演算法不是本书研究的重点，所以只选用 TSVD 来展开研究。TSVD 属于 SVD 的进一步改进，其原理表述如下。

将上述压缩后的矩阵 A 进一步分解为正交矩阵 $U_{p \times q}$，非负对角矩阵 $\omega_{q \times q}$ 以及正交矩阵 $V_{q \times q}$ 的转置 3 个矩阵，用公式可以表示为

$$A = U_{p \times q} \begin{bmatrix} \omega_1 & & & \\ & \omega_2 & & \\ & & \cdots & \\ & & & \omega_q \end{bmatrix} V_{q \times q}^{\mathrm{T}} \qquad (3.13)$$

计算逆矩阵最小二乘解，用公式可以表示为

$$f = V \begin{bmatrix} 1/\omega_1 & & & \\ & 1/\omega_2 & & \\ & & \cdots & \\ & & & 1/\omega_q \end{bmatrix} (U^{\mathrm{T}} b) \qquad (3.14)$$

式中：b 为回波串数据向量。进一步用信噪比(SNR)作为截断参数，其最终的正则化解表示为

$$f = V \begin{bmatrix} 1/\omega_1 & & & & & \\ & 1/\omega_2 & & & & \\ & & \cdots & & & \\ & & & \text{SNR}/\omega_1 & & \\ & & & & 0 & \\ & & & & & 0 \end{bmatrix} (U^T b) \tag{3.15}$$

在求解出的 f 中,利用迭代法逐步消除负值解直至结束。整个数据压缩和反演的过程可用图 3.1 表示。

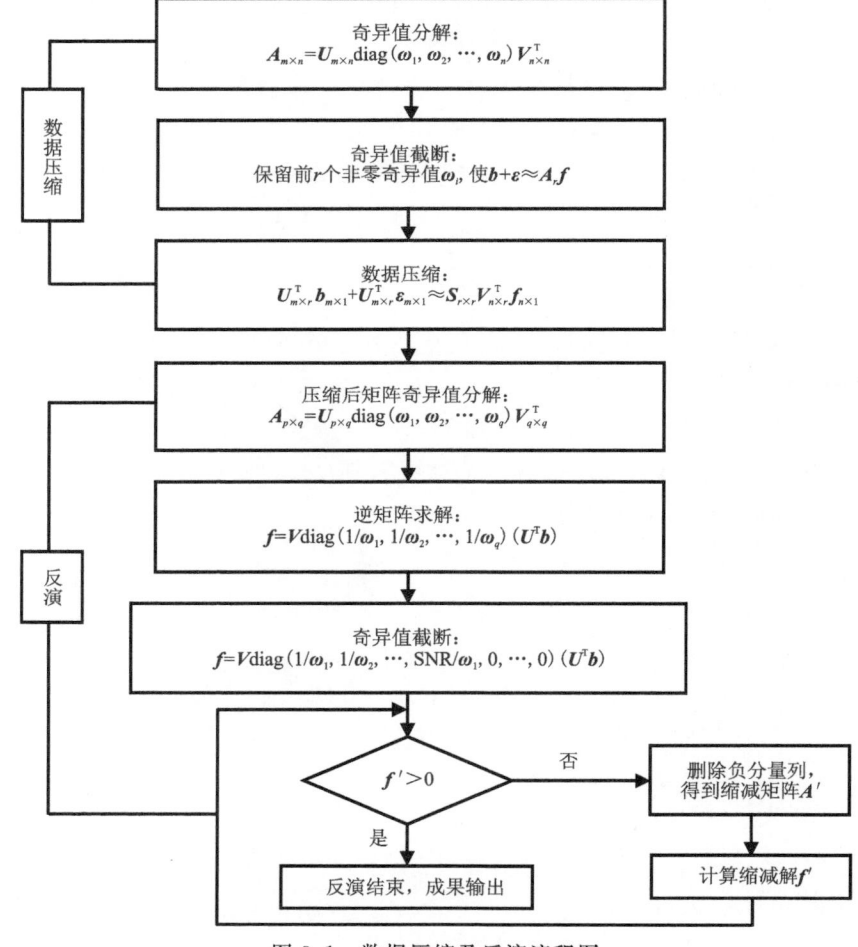

图 3.1 数据压缩及反演流程图

第三节 考虑黏土束缚水的二维核磁共振反演

一、二维谱反演影响因素

影响其二维谱图形反演质量的影响因素很多,包括信噪比、布点数、数据压缩量、等待时间、回波间隔、回波个数等。在这些影响因素中,无论是 T_2-D 谱还是 T_2-T_1 谱,从兼顾效率和精度的角度讲,二者的公共影响因素是布点数(反演 T_2、T_1 以及 D 的预设点数)和数据压缩量。过多的布点数和过少的数据压缩量,都会在保证图像清晰度的同时大大增加反演时间,对于实际生产应用来说,过长的反演时间不利于工作开展,而过少的布点数和过多的压缩量又会使数据失真,使反演图像变得模糊。所以,应根据生产实际的需要,利用模拟反演的方法确定该地区最佳的布点数和数据压缩量以兼顾效率及精度的平衡。本小节主要从布点数和数据压缩量两个方面探讨在考虑了黏土束缚水致密砂岩气储层预设模型下的二维谱反演公共影响因素。对于信噪比、等待时间、回波间隔等其他影响因素,由于它们对 T_2-D 和 T_2-T_1 的影响程度不同,将分别融入 T_2-D 二维谱反演以及 T_2-T_1 二维谱反演进行探讨,这样更加方便二者进行反演效果对比。

下面以 T_2-T_1 二维谱为例来探讨反演公共影响因素,T_2-D 谱具有类似的特征。由于杭锦旗地区存在大量的低阻气层,大量存在的具有微小尺寸孔径的孔隙是低阻气层形成的重要因素(彭真,2017)。所以,在杭锦旗地区二维核磁共振反演中不能忽视黏土束缚水的存在,应予以考虑将黏土束缚水和其他流体一起共同参与反演。为了观察和对比反演结果,首先构建一个包含黏土束缚水、毛管束缚水、可动水和天然气 4 种信号的高斯分布二维模型谱。按照杭锦旗地区致密砂岩气储层总体低孔的特征,预设总孔隙度为 10%。其中,黏土束缚水、毛管束缚水、可动水、天然气体积均为 2.5%。黏土束缚水的 T_2 和 T_1 值均设为 0.7ms,毛管束缚水的 T_2 和 T_1 值分别设为 6ms 和 10ms,可动水的 T_2 和 T_1 值分别设为 100ms 和 150ms,天然气的 T_2 和 T_1 值分别设为 50ms 和 3000ms,模型采用对数均匀布点方式,布点数设为 40×40(图 3.2)。

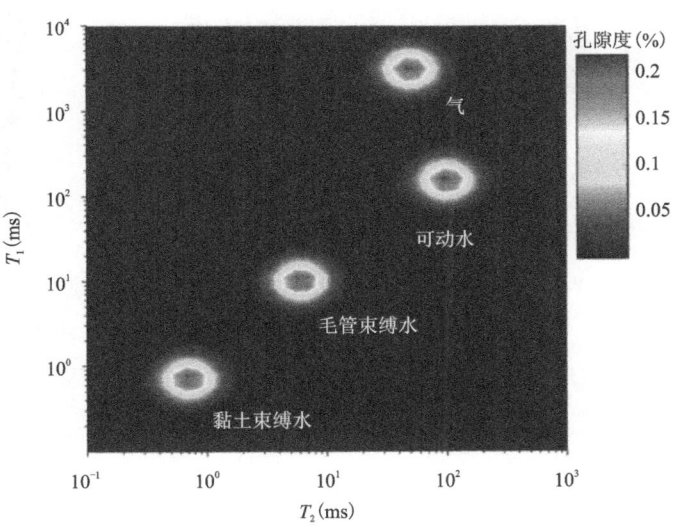

图 3.2 考虑黏土束缚水的二维 T_2-T_1 模型谱

1. 布点数的影响

依据上述预设的模型,加入信噪比 SNR 为 160 的高斯白噪声,先正演合成等待时间 T_w 分别为 12s、3s、1s、0.3s、0.1s、0.03s、0.01s、0.003s、0.001s 和 0.000 3s 的 10 组回波串,每组回波串的回波数均为 600,再用 TSVD 法反演不同布点数的结果见图 3.3。从图形上分析,当布点数为 40×40 和 30×30 时,图像较为清晰[图 3.3(a)、(b)];当布点数为 20×20 时,数据边缘呈不规则形状[图 3.3(c)];当布点数为 10×10 时,图形产生较大的形变,聚焦性变差[图 3.3(d)]。从数据上分析(表 3.1),当布点数为 40×40 时,总体相对误差最小,但耗时最多;当

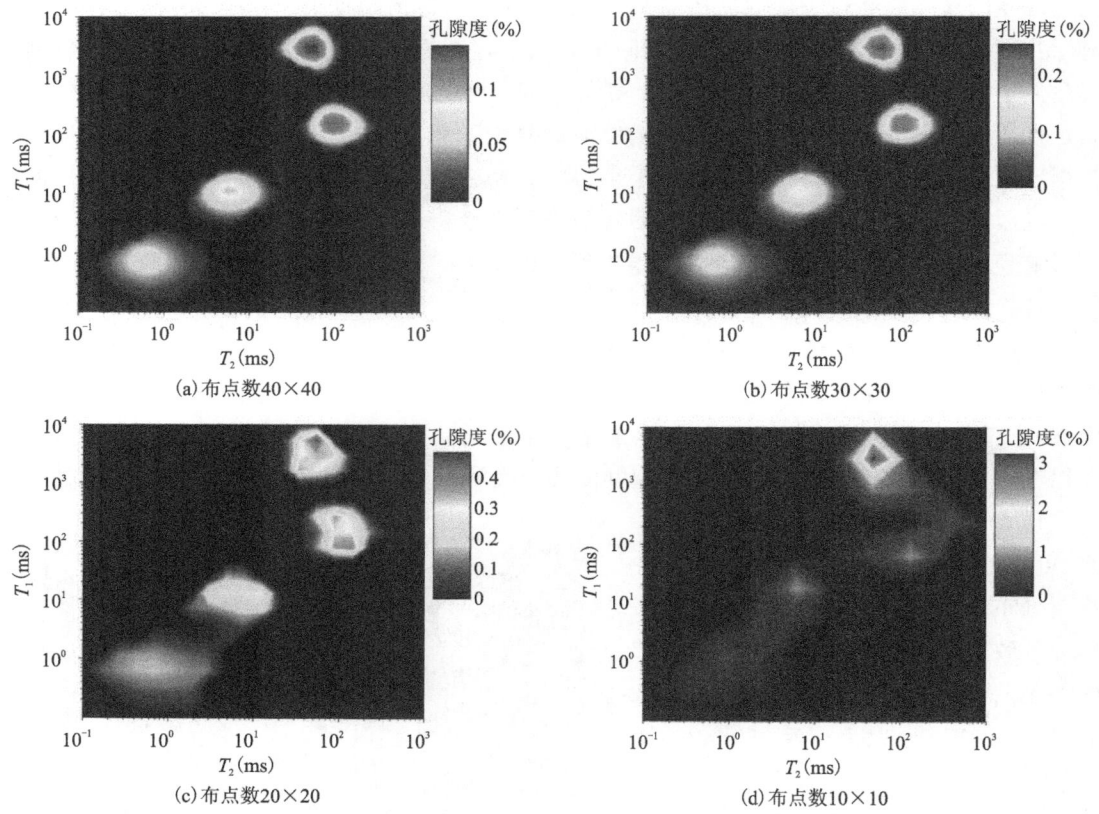

图 3.3 不同布点数影响下的二维 T_2-T_1 反演谱

表 3.1 不同布点数的反演耗时、总孔隙度和相对误差

布点数	耗时(s)	总孔隙度(%)	相对误差(%)
40×40	44.936	10.10	1.0
30×30	25.160	10.12	1.2
20×20	11.362	10.34	3.4
10×10	3.425	10.59	5.9

布点数为 10×10 时,总体相对误差最大,但耗时最少。综合分析,当布点数为 30×30 时,总孔隙度和总体相对误差与布点数为 40×40 时最为接近,但耗时较 40×40 时减少近一半。由此可见,从兼顾反演效率和精度的角度出发,反演布点数应首选 30×30。

2. 数据压缩量的影响

和讨论布点数影响时设置的参数类似,加入信噪比 SNR 为 160 的高斯白噪声,反演布点数设置为 30×30。用 TSVD 法反演不同数据压缩量的结果见图 3.4。从图形上分析,压缩后数据量为 200 和 100 时,图像较为清晰[图 3.4(a)、(b)];压缩后数据量为 50 时,图像依然能

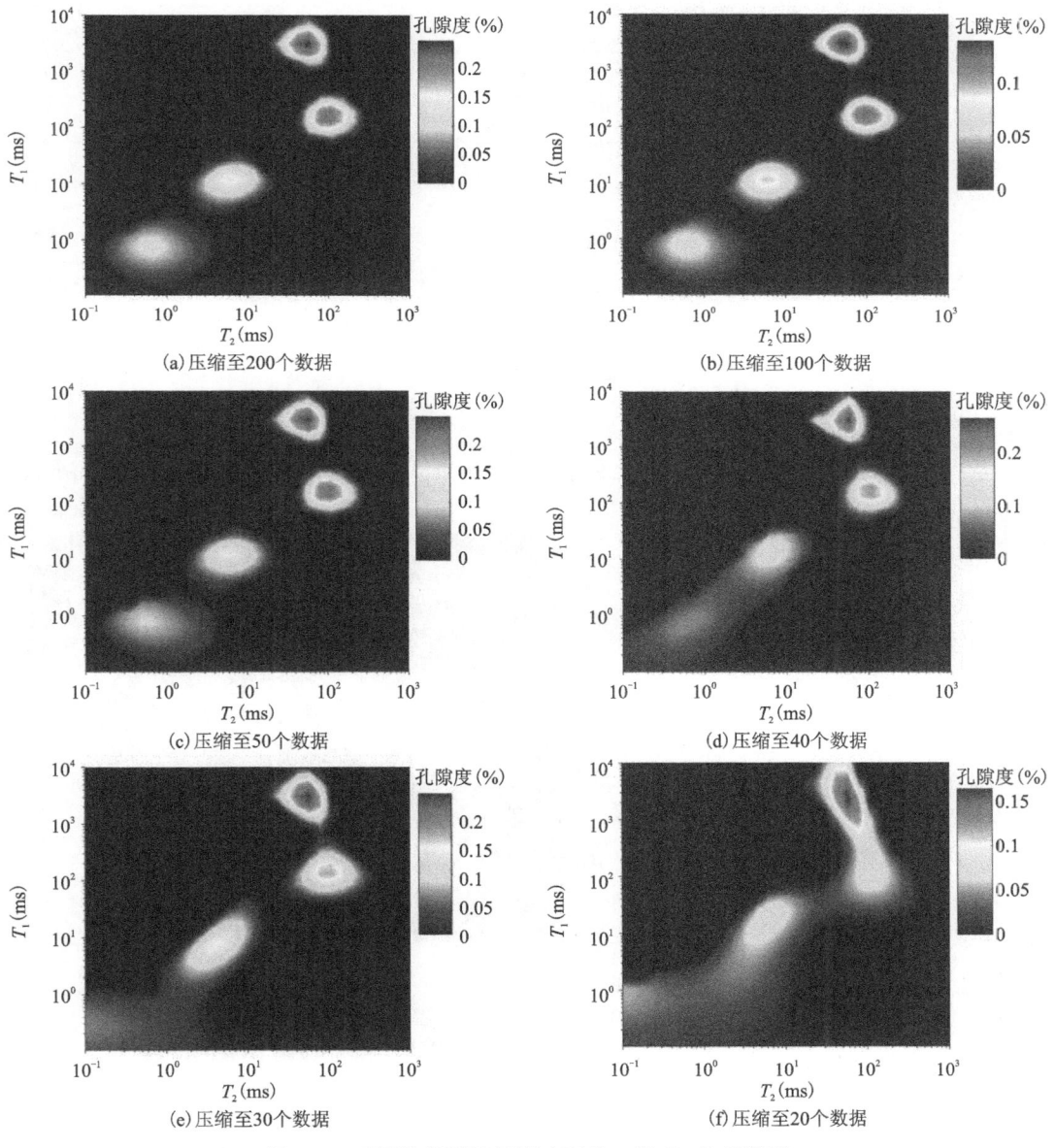

图 3.4 不同数据压缩量影响下的二维 T_2-T_1 反演谱

清晰地分辨出4种流体信号[图3.4(c)];压缩后数据量为40时,天然气、可动水和毛管束缚水信号清晰可辨,但黏土束缚水和毛管束缚水信号开始发生粘连[图3.4(d)];压缩后数据量为30时,黏土束缚水信号开始发散,聚焦性变差[图3.4(e)];压缩后数据量为20时,不仅黏土束缚水信号发散,可动水和天然气信号也发生粘连[图3.4(f)]。从数据上分析(表3.2),数据点数为200时,总孔隙度和相对误差与数据点为100时较为接近,但后者耗时减少。综合分析,为兼顾反演效率和精度,在考虑黏土束缚水的二维反演中,压缩后最佳的数据量应保持为100,为保证黏土束缚水信号的清晰可辨,压缩后数据量的最低下限应为50。

表3.2 不同数据压缩量反演的耗时、总孔隙度和相对误差

压缩后数据量	耗时(s)	总孔隙度(%)	相对误差(%)
200	70.126	10.10	1.0
100	58.270	10.12	1.2
50	48.241	10.21	2.1
40	45.134	10.27	2.7
30	40.533	10.32	3.2
20	35.518	11.48	14.8

二、二维 T_2-D 谱反演

讨论了布点数和数据压缩量的影响后,针对二维 T_2-D 谱展开不同信噪比、不同回波间隔以及不同回波数的反演。按照杭锦旗地区低阻致密砂岩气储层束缚水含量较高的特点,反演时也考虑黏土束缚水信号。构建一个具有高斯分布的黏土束缚水、毛管束缚水、可动水和天然气4种信号的 T_2-D 模型谱。预设总孔隙度为10%,其中,黏土束缚水、毛管束缚水、可动水和天然气体积均为2.5%,其 T_2 值分别为1ms、9ms、200ms、40ms。D 值天然气设为 $0.9×10^{-3}$ cm^2/s,黏土束缚水、毛管束缚水、可动水均为 $2.5×10^{-5}$ cm^2/s,预设模型布点数为30×30(图3.5)。

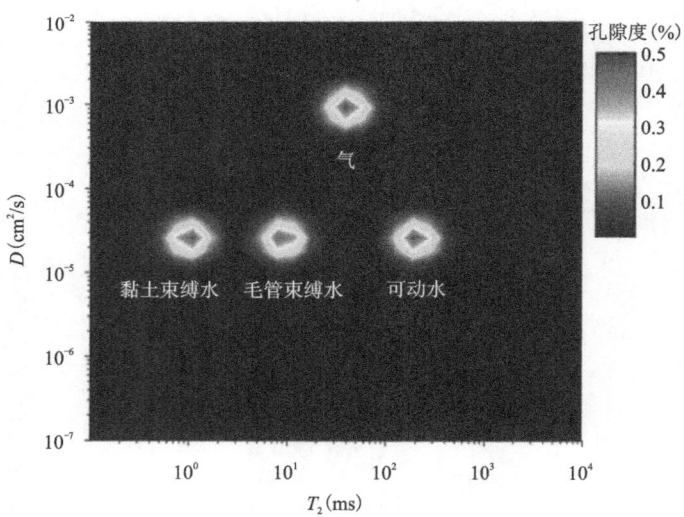

图3.5 考虑黏土束缚水的二维 T_2-D 模型谱

1. 不同信噪比

为讨论不同信噪比下的二维 T_2-D 谱，首先利用图 3.5 所示的模型，设置磁场梯度 G 为 30Gs/cm($1T=10^4$Gs)，正演合成回波间隔分别为 0.2ms、0.45ms、0.6ms、0.9ms、1.8ms、2.7ms、3.6ms、4.5ms、7.2ms、9.6ms 的 10 组回波串，用 SNR640、SNR320、SNR160、SNR80、SNR40、SNR20 等 6 种噪声进行对比。正演回波串见图 3.6，反演的二维 T_2-D 谱见图 3.7。当 SNR 为 640 时[图 3.7(a)]，毛管束缚水、可动水以及天然气信号均可以被识别，而黏土束缚水信号发散；当 SNR 为 320 时[图 3.7(b)]，毛管束缚水、可动水以及天然气信号均可以被识别，但毛管束缚水发散程度进一步增加；当 SNR 为 160 时[图 3.7(c)]，毛管束缚水和天然气信号发生粘连，且天然气信号开始发散；当 SNR 为 80 时[图 3.7(d)]，毛管束缚水和天然气信号融为一团，无法分辨二者边界；当 SNR 为 40 及以下时[图 3.7(e)和图 3.7(f)]，可动水信号较为发散，且最终 3 种信号融为一体。整体上看，随着信噪比的降低黏土束缚水信号逐渐发散直至消失，毛管束缚水、可动水以及天然气三者信号逐渐发散直至融为一体。从反演计算的总孔隙度相对误差数据来看(表 3.3)，当 SNR 为 640 时相对误差最小，当 SNR 为 80 及以下时，相对误差最大。

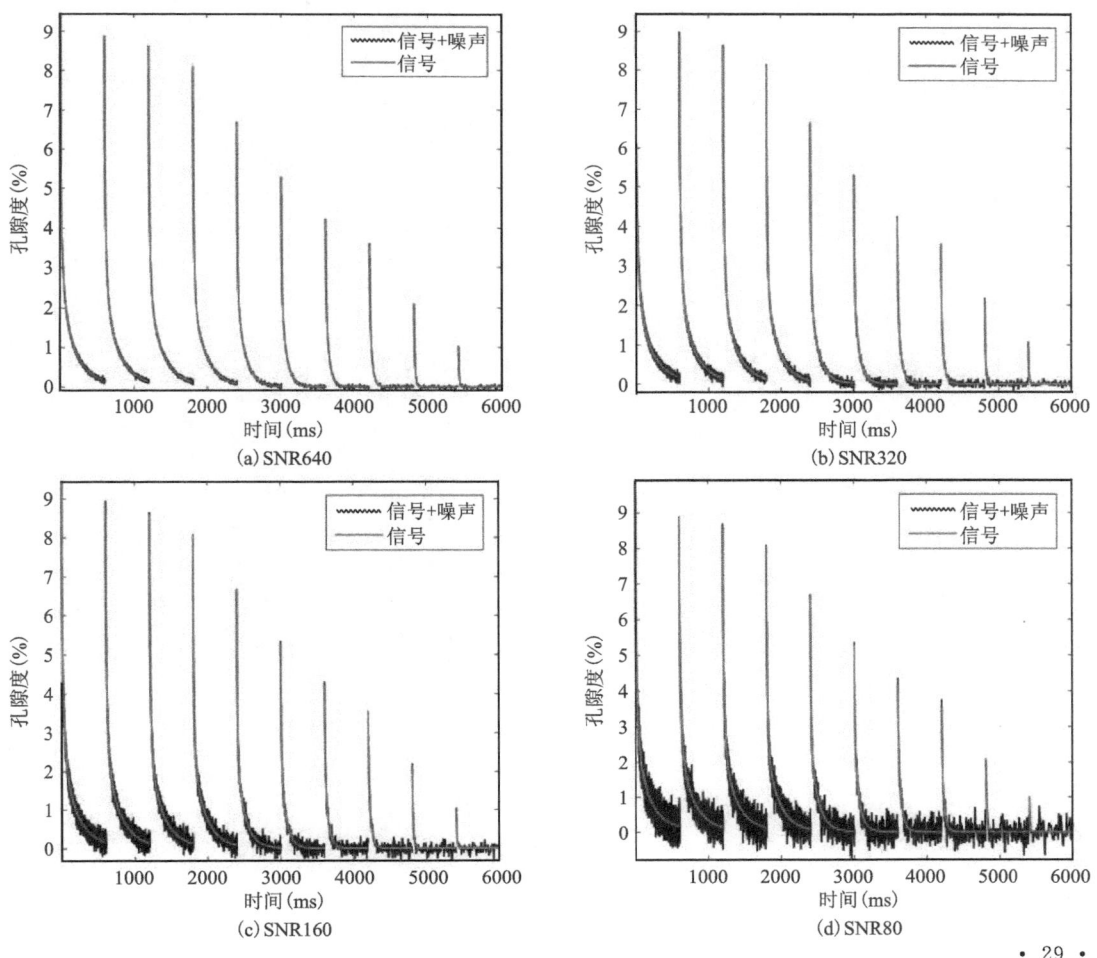

(a) SNR640　　(b) SNR320　　(c) SNR160　　(d) SNR80

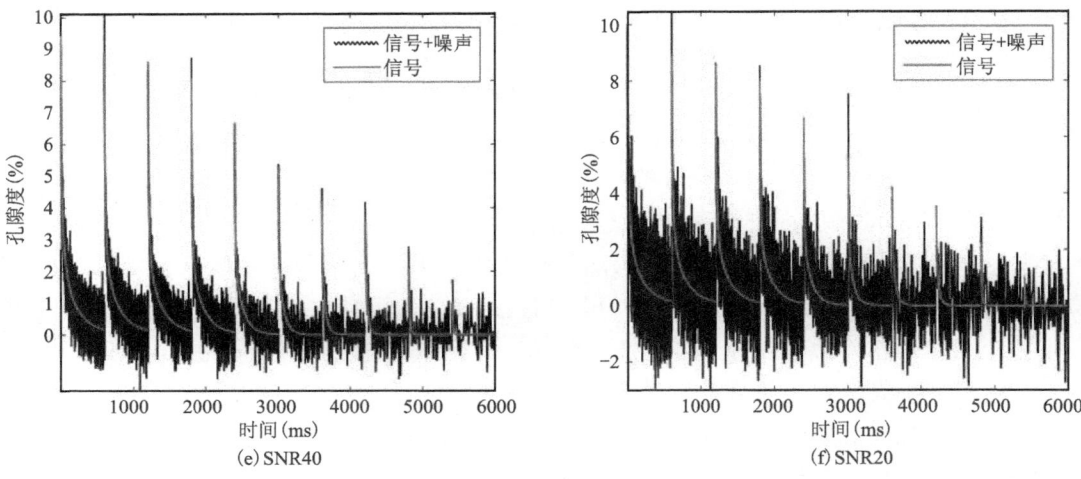

(e) SNR40　　　　　　　　　　　　(f) SNR20

图 3.6　不同信噪比的二维 T_2-D 正演回波串对比图

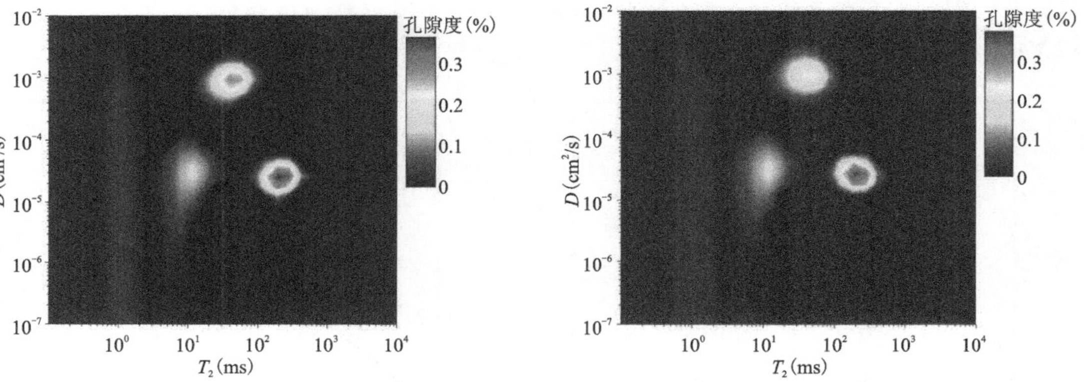

(a) SNR640　　　　　　　　　　　　(b) SNR320

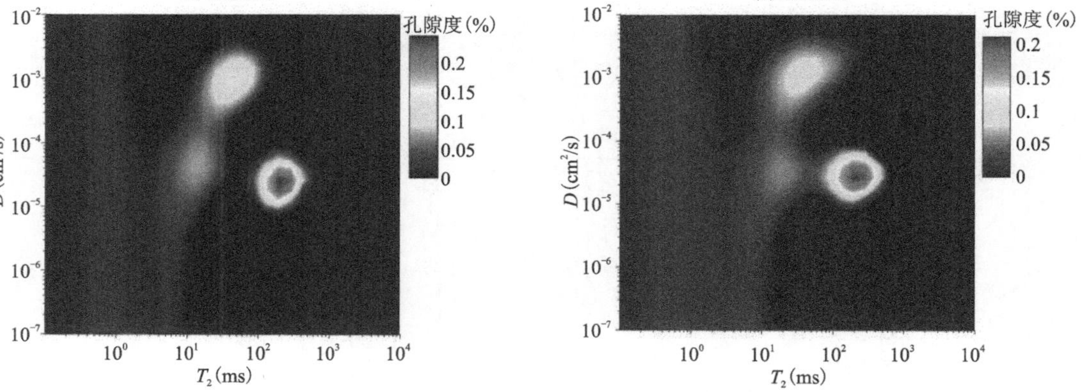

(c) SNR160　　　　　　　　　　　　(d) SNR80

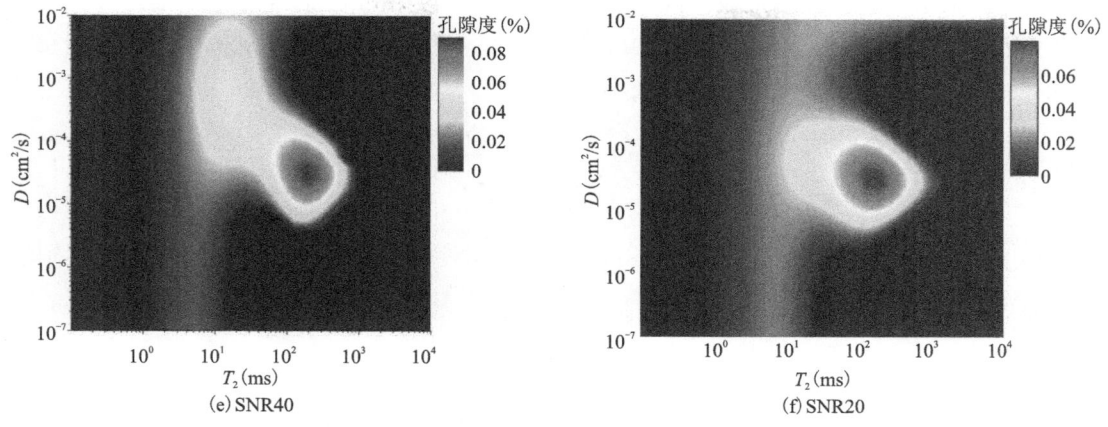

图 3.7 不同信噪比的二维 T_2-D 反演对比图

由此可知，在使用 TSVD 法反演的条件下，T_2-D 二维谱可以定性识别出天然气信号的最低 SNR 为 80，SNR 为 20 时，只可以粗略地识别出可动水信号。在考虑黏土束缚水的情况下，若要用 T_2-D 二维谱准确地识别出 4 种信号，则需要极高的 SNR。

表 3.3 不同 SNR 二维 T_2-D 反演总孔隙度和相对误差

SNR	总孔隙度（%）	相对误差（%）
640	10.07	0.7
320	10.15	1.5
160	10.52	5.2
80	11.68	16.8
40	8.39	16.1
20	11.62	16.2

2. 不同回波间隔

为讨论不同回波间隔组合下的二维 T_2-D 谱，固定 SNR 为 320 和磁场梯度 30Gs/cm 不变，设置 6 组不同的回波间隔组合（表 3.4），正演回波串见图 3.8，反演的二维 T_2-D 谱见图 3.9。当回波间隔为 0.2～9.6ms 时，除黏土束缚水信号发散外，毛管束缚水、可动水以及天然气信号均可以被识别[图 3.9(a)]；保持短回波间隔不变，令长回波间隔个数减少，即当回波间隔为 0.2～4.5ms 时，毛管束缚水信号开始发散，可动水和天然气信号变化不大[图 3.9(b)]；令长回波间隔个数继续减少，即当回波间隔为 0.2～2.7ms 时，毛管束缚水与天然气信号发生粘连，但仍可以清晰地识别出可动水和天然气信号[图 3.9(c)]；保持长回波间隔不变，令短回波间隔个数减少，即当回波间隔为 0.6～9.6ms 时，天然气信号开始发散，毛管束缚水和可动水信号变化不大[图 3.9(d)]；令短回波间隔个数继续减少，即当回波间隔为 1.8～9.6ms 时，天然气信号进一步发散且与黏土束缚水发生粘连，可动水信号也进一步发散[图 3.9(e)]；当短回波间隔个数进一步减少至回波间隔组合为 3.6~9.6ms 时,4 种信号进一步融合,此时天然气信号已无法定性识别[图 3.9(f)]。由二维 T_2-D 谱反演的总孔隙度相对误差见表 3.4,当同时保留长、短回波间隔时,相对误差最小。

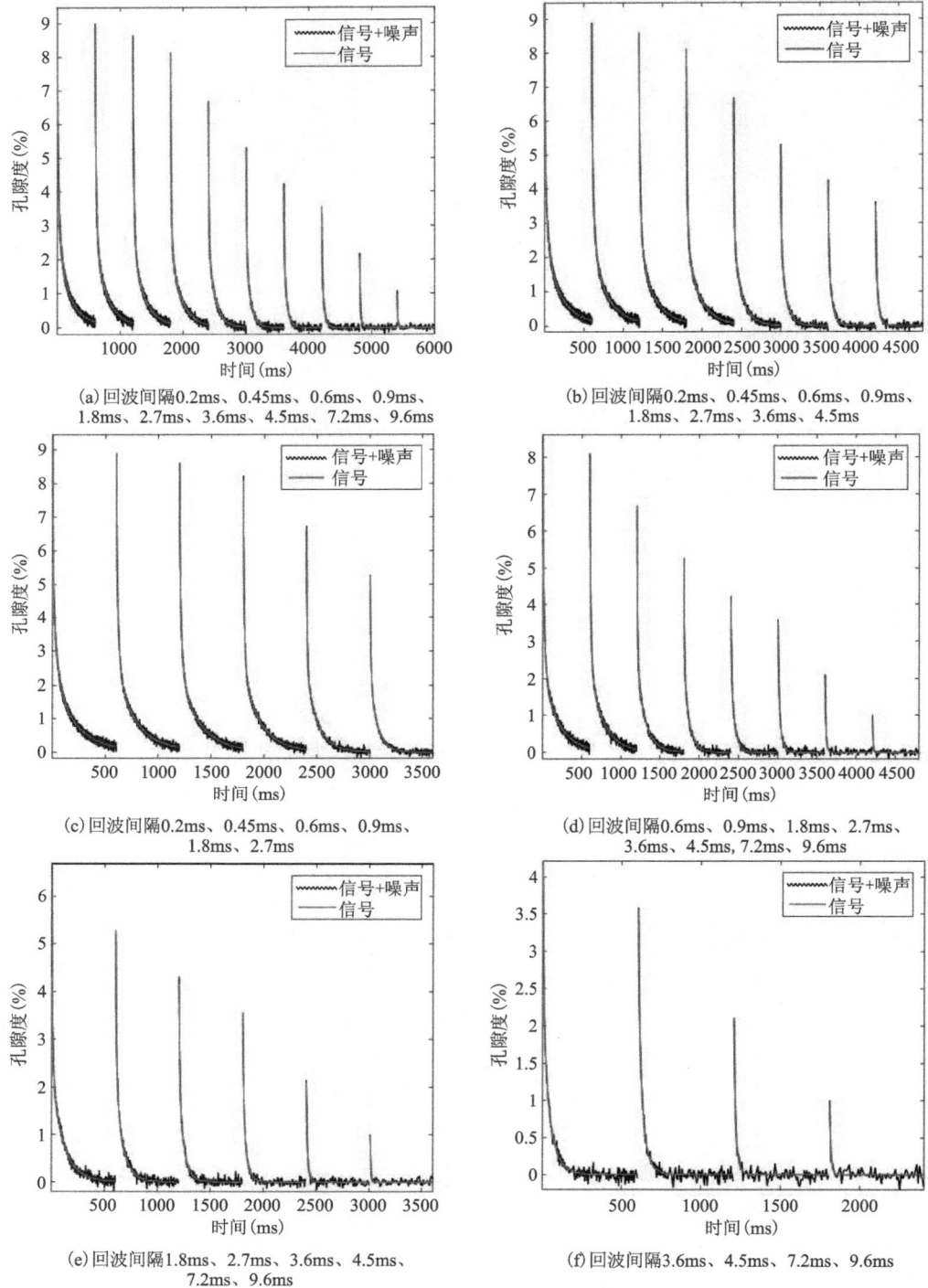

图 3.8 不同回波间隔的二维 T_2-D 正演回波串对比图

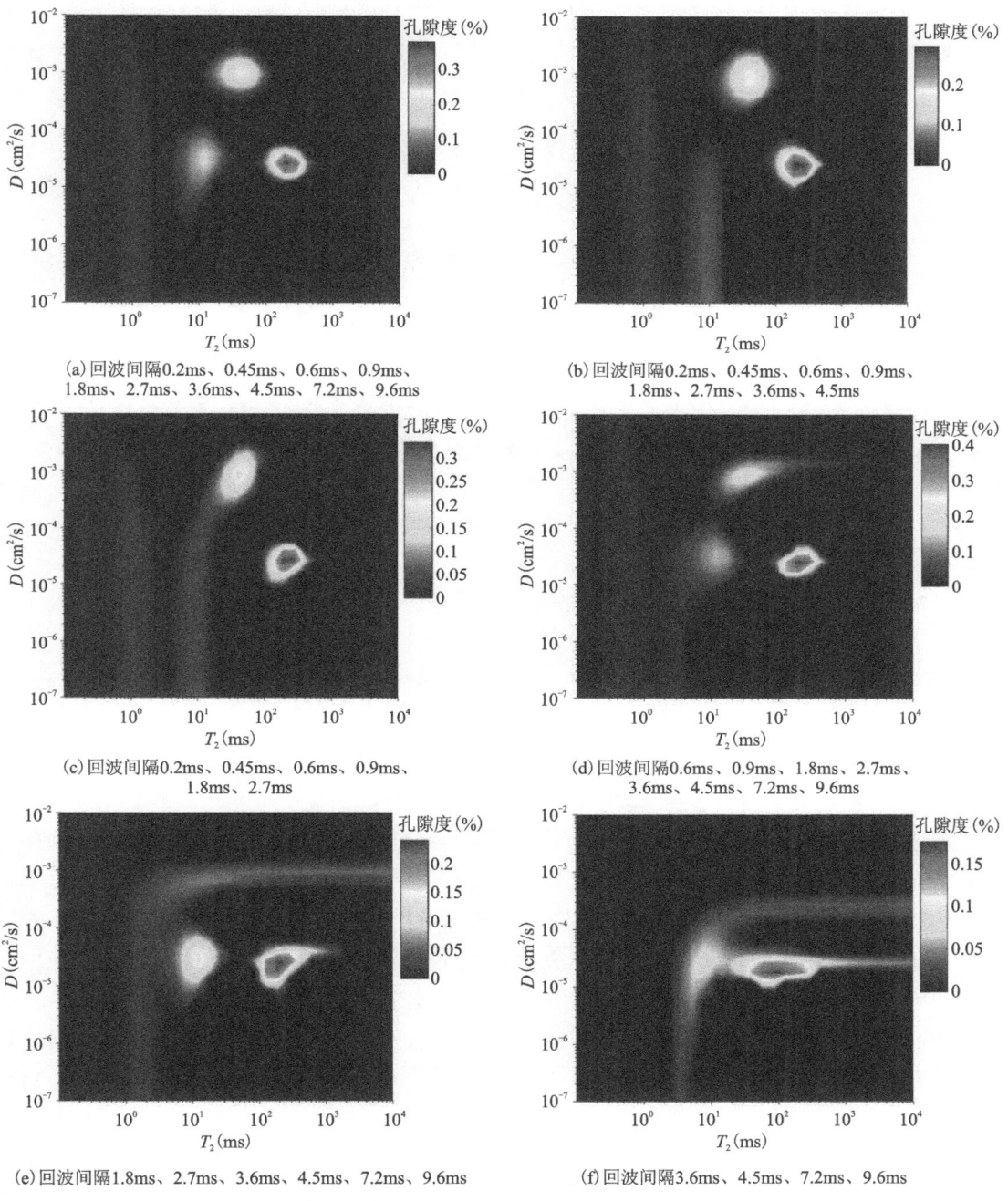

图 3.9 不同回波间隔的二维 T_2-D 反演对比图

表 3.4　不同回波间隔组合二维 T_2-D 反演的总孔隙度和相对误差

回波间隔 T_E(ms)	总孔隙度(%)	相对误差(%)
0.2、0.45、0.6、0.9、1.8、2.7、3.6、4.5、7.2、9.6	10.15	1.5
0.2、0.45、0.6、0.9、1.8、2.7、3.6、4.5	10.19	1.9
0.2、0.45、0.6、0.9、1.8、2.7	10.24	2.4
0.6、0.9、1.8、2.7、3.6、4.5、7.2、9.6	10.91	9.1
1.8、2.7、3.6、4.5、7.2、9.6	8.99	10.1
3.6、4.5、7.2、9.6	5.90	41.0

由此可知,在使用 TSVD 法反演的条件下,回波间隔组合保持从小到大的次序变化,其回波间隔个数越多,对 4 种信号的聚焦越有利。长回波间隔的减少,对短弛豫流体组分(束缚流体)的影响程度较大,短回波间隔的减少,对长弛豫流体组分(天然气和可动水)的影响程度较大。

3. 不同回波个数

回波个数与回波间隔和弛豫时间有关,三者的关系一般可用公式表示为

$$N_e = \text{Time}_r / T_E \tag{3.16}$$

式中:N_e 为回波个数;Time_r 为弛豫时间;T_E 为回波间隔,其中回波个数 N_e 取其计算结果的整数。由于二维 T_2-D 谱测井需要设置一组不同的回波间隔,同时长、短弛豫流体自身的弛豫时间也不同,则获得的相应长、短弛豫流体的回波个数也不尽相同。一般可动流体的弛豫时间较长,其回波个数相对较多,束缚流体的弛豫时间较短,其回波个数相对较少。上述不同信噪比和不同回波间隔的反演过程各回波串均预设为相同的弛豫时间 600ms,以回波间隔为 0.2ms、0.45ms、0.6ms、0.9ms、1.8ms、2.7ms、3.6ms、4.5ms、7.2ms、9.6ms 的回波组合为例[图 3.8(a)],其回波个数组合为 3000、1333、1000、667、333、222、167、133、83、63 个。

为了讨论不同回波个数对反演效果的影响,将增加 2 组回波个数组合,使其中一组的弛豫时间均保持在 100ms,另一组的弛豫时间呈现由长至短的变化。设定的回波个数组合见表 3.5,正演合成的回波串见图 3.10,反演的二维 T_2-D 谱见图 3.11。图 3.10(b)为增加的小回波数组合(500、222、167、111、56、37、28、22、14、10),其对应的弛豫时间组均减小至 100ms。图 3.11(b)为其反演结果,从图中可以看出,由于回波个数的减小,导致可动水及天然气信号的聚焦性变差,而黏土束缚水信号增强。说明弛豫时间变短会影响长弛豫组分流体的精确度,而有利于提升短弛豫组分流体的信号强度。图 3.10(c)为同时存在大、小回波数的组合(3000、1333、500、333、111、74、28、22、7、5),其对应的弛豫时间组也呈现长、短不同的变化。由其反演结果[图 3.11(c)]可知,其 4 种信号的聚焦性均有所提升,反演的总孔隙度相对误差也较小(表 3.5)。

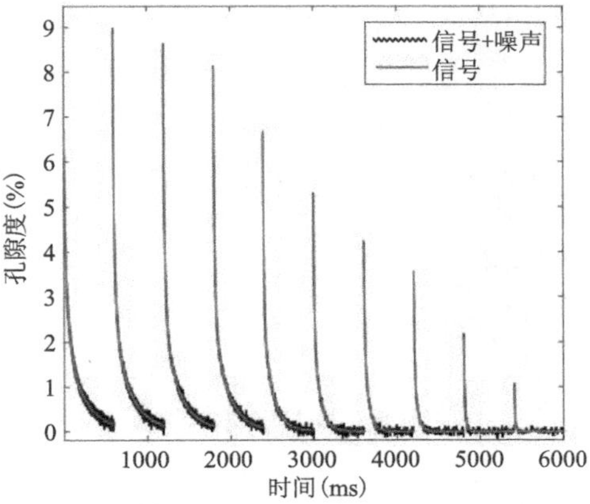

(a) 回波数3000、1333、1000、667、333、222、167、133、83、63

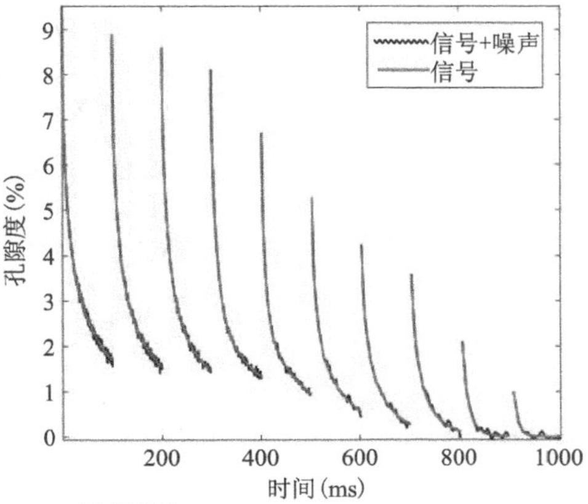

(b) 回波数500、222、167、111、56、37、28、22、14、10

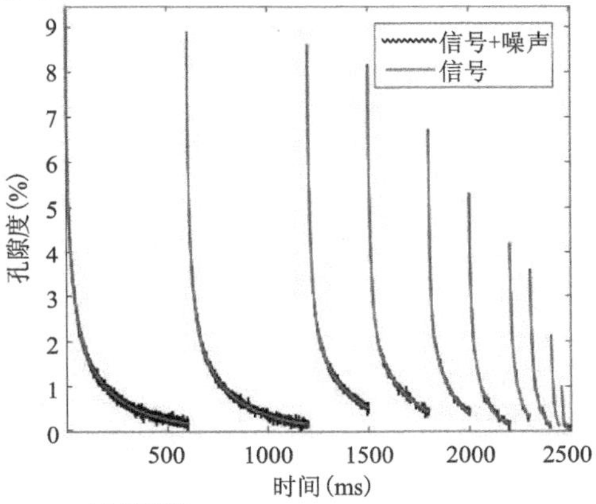

(c) 回波数3000、1333、500、333、111、74、28、22、7、5

图 3.10　不同回波个数的二维 T_2-D 正演回波串对比图

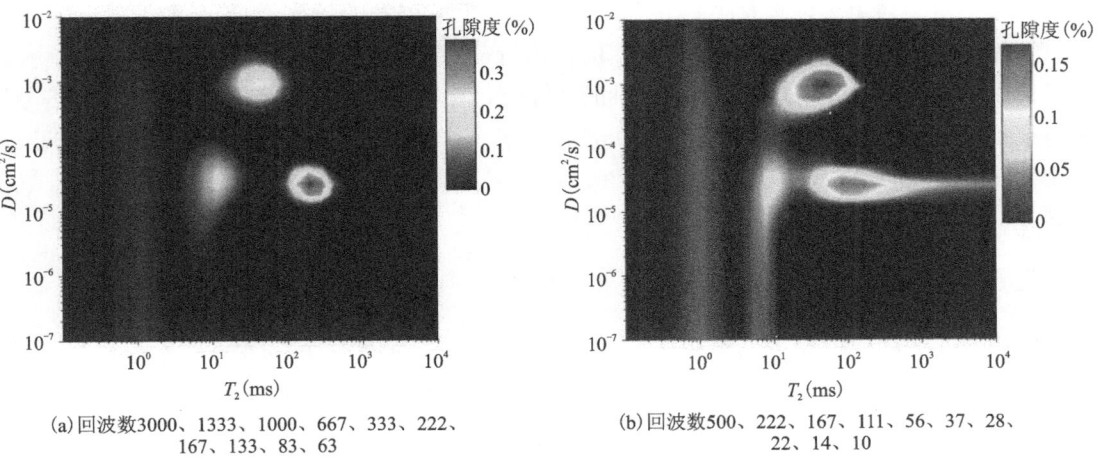

(a) 回波数3000、1333、1000、667、333、222、167、133、83、63

(b) 回波数500、222、167、111、56、37、28、22、14、10

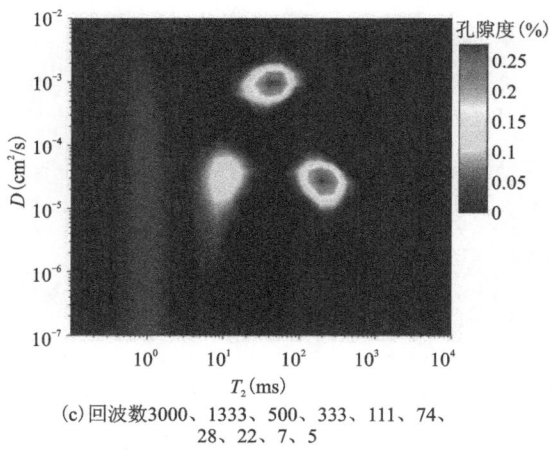

(c) 回波数3000、1333、500、333、111、74、28、22、7、5

图 3.11　不同回波个数的二维 T_2-D 反演对比图

表 3.5　不同回波个数组合二维 T_2-D 反演的总孔隙度和相对误差

回波个数 N_e	弛豫时间(ms)	总孔隙度(%)	相对误差(%)
3000、1333、1000、667、333、222、167、133、83、63	600、600、600、600、600、600、600、600、600、600	10.15	1.5
500、222、167、111、56、37、28、22、14、10	100、100、100、100、100、100、100、100、100、100	10.21	2.1
3000、1333、500、333、111、74、28、22、7、5	600、600、300、300、200、200、100、100、50、50	10.10	1.0

由此可知,对于二维 T_2-D 谱,大回波数有利于增强长弛豫组分流体信号的聚焦性,小回波数有利于短弛豫组分流体信号的增强。在考虑黏土束缚水的情况下,回波数为大、中、小组合时,符合了地层流体具有不同弛豫速率的实际特征,有利于提升各种流体信号的反演精度。同时从以上整个二维 T_2-D 谱反演过程来看,黏土束缚水信号反演精度较低,且天然气信号容易与束缚水信号发生粘连,同时要精确识别出天然气信号需要较高的信噪比。总体来说,用二维 T_2-D 谱进行反演,对于考虑黏土束缚水信号的致密砂岩气储层流体识别来说,效果欠佳。

三、二维 T_2-T_1 谱反演

利用图 3.2 构建的具有高斯分布的黏土束缚水、毛管束缚水、可动水和天然气信号的 T_2-T_1 模型谱。将其预设布点数调整为 30×30(图 3.12),其余参数设置与图 3.2 一致。反演不同信噪比、等待时间和回波数组合下的二维 T_2-T_1 谱。

1. 不同信噪比

为了讨论不同信噪比下的二维 T_2-T_1 谱,首先利用图 3.12 所示的模型,正演合成等待时

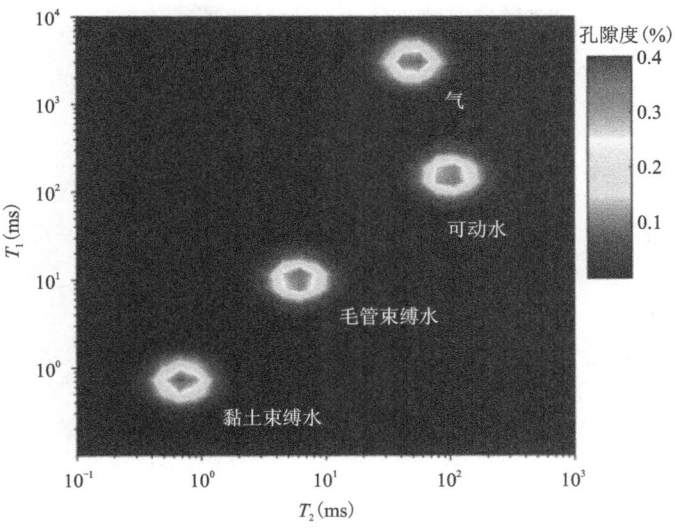

图 3.12　考虑黏土束缚水信号的二维 T_2-T_1 谱模型

间分别为 12s、3s、1s、0.3s、0.1s、0.03s、0.01s、0.003s、0.001s、0.000 3s 的 10 组回波串,用 SNR640、SNR320、SNR160、SNR80、SNR40、SNR20 等 6 种噪声水平进行对比。正演回波串见图 3.13。数据压缩至 100 个数据点后,反演的二维 T_2-T_1 谱见图 3.14。当 SNR 为 640 和 320 时[图 3.14(a)、(b)],毛管束缚水、可动水以及天然气信号均可以被清晰识别;当 SNR 为 40 时[图 3.14(e)],只能区分总束缚水信号和总可动信号;当 SNR 为 20 时[图 3.14(f)],所有信号已经融合在一起,无法区分各个信号的界限,只能识别部分较强的天然气信号。从反演相对误差看(表 3.6),相对误差随信噪比的降低而增大。

由此可知,在使用 TSVD 法反演的条件下,T_2-T_1 二维谱可以识别出可动流体和束缚流体信号的最低 SNR 为 40;可以识别出天然气信号的 SNR 为 20,但要完整的识别出天然气信号轮廓则需要的最低 SNR 为 80;对比二维 T_2-D 谱可知,当具有相同 SNR 时,二维 T_2-T_1 谱识别含气储层中 4 种信号的能力要优于二维 T_2-D 谱。

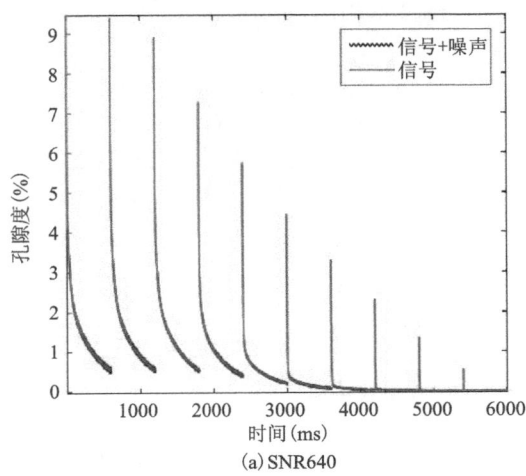

(a) SNR640

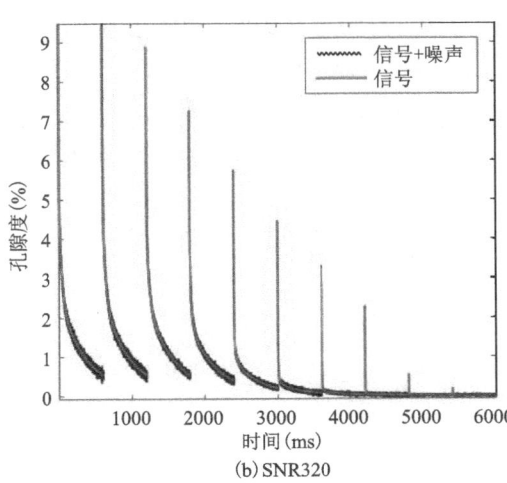

(b) SNR320

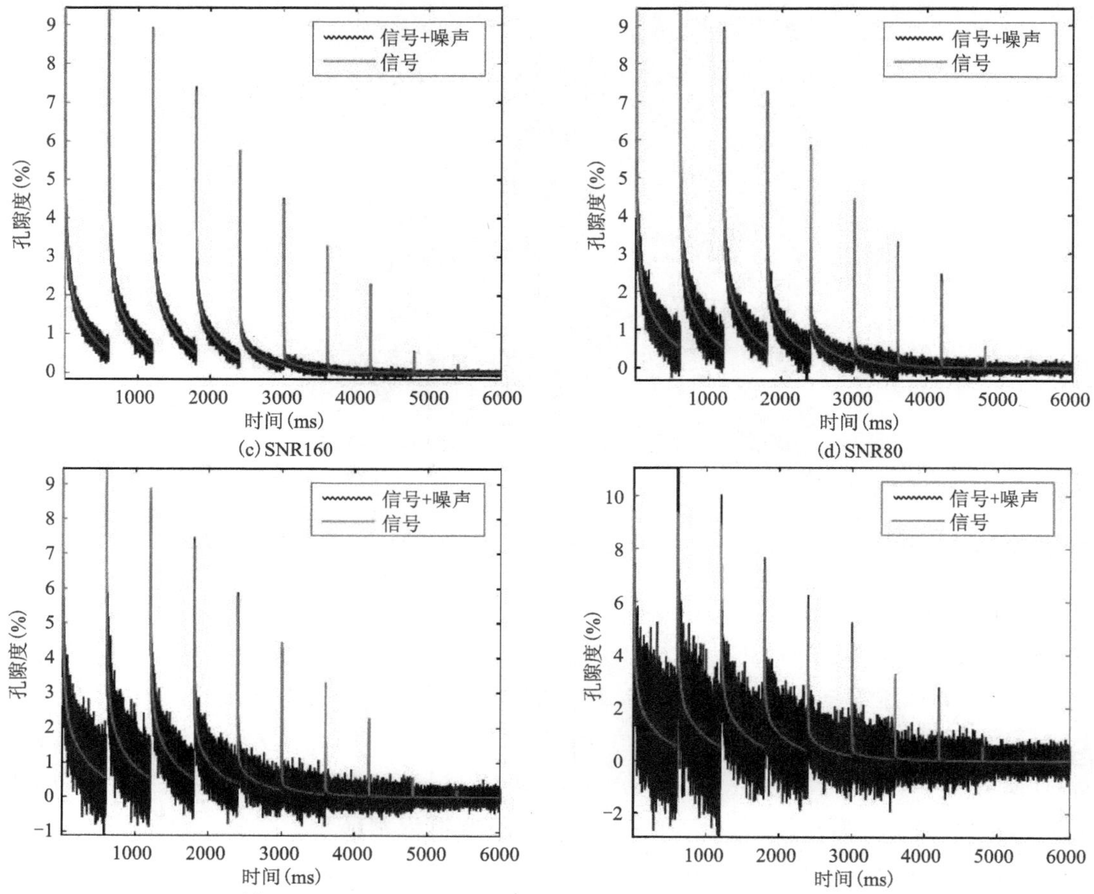

(c) SNR160

(d) SNR80

(e) SNR40

(f) SNR20

图 3.13 不同 SNR 的二维 T_2-T_1 正演回波串对比图

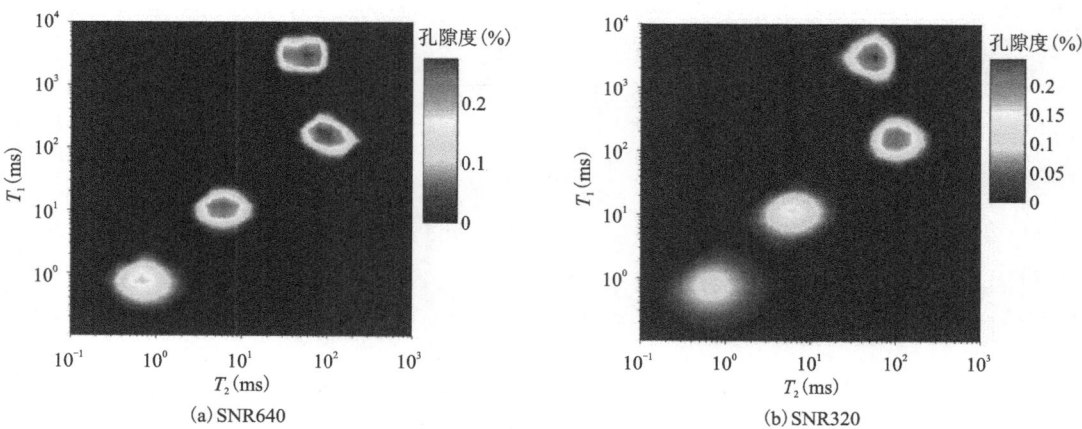

(a) SNR640

(b) SNR320

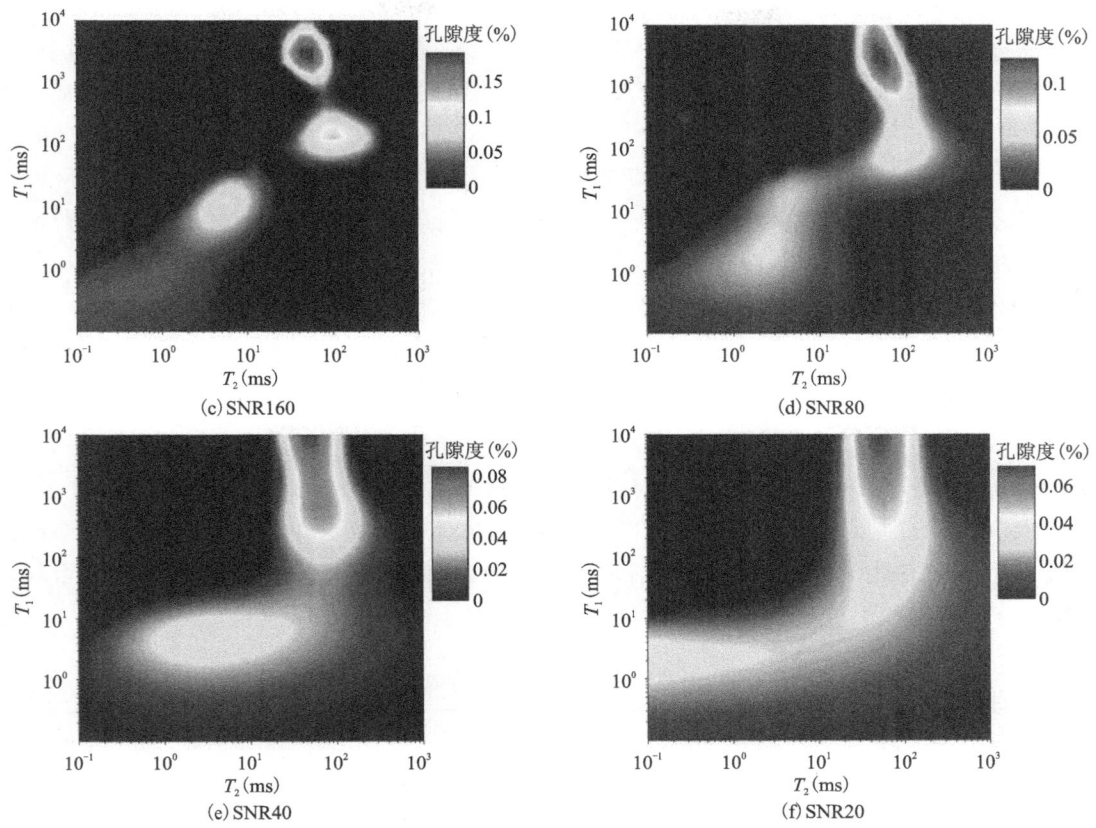

图 3.14 不同 SNR 的二维 T_2-T_1 反演对比图

表 3.6 不同 SNR 二维 T_2-T_1 反演总孔隙度和相对误差

SNR	总孔隙度(%)	相对误差(%)
640	10.05	1.0
320	10.12	1.2
160	10.51	5.1
80	10.73	7.3
40	11.34	13.4
20	11.51	15.1

2. 不同等待时间

当考虑黏土束缚水信号时,为了检验等待时间对二维 T_2-T_1 谱反演的控制作用,设定 SNR 为 320 保持不变,每个回波串的回波个数均为 600,设定 6 组不同的等待时间组合(表 3.7),正演生成回波串见图 3.15,反演的二维 T_2-T_1 谱见图 3.16。由图 3.16(a)可知,当其等待时间序列内最长等待时间为 20s 时,与图 3.16(b)相比,毛管束缚水、可动水以及天然气3种信号较为一致,经计算其总体积二者相差0.01%(表3.7),由此可知,在测井过程中长等待时间的设置存在一个界限值,大于这个值并不能使中、长弛豫信号(可动流体信号)精度有较大的提升,反而由于等待时间的增加会致使其测井速度降低,造成测井施工时间成本的增加。12s正是二维P型核磁设置的长等待时间的一个合理界限值。对比图3.16(b)~图3.16(e)可知,随着短等待时间的逐渐减少,毛管束缚水、可动水和天然气信号基本不变,而黏土束缚水信号逐渐发散。图3.16(f)显示当等待时间组合中的短等待时间进一步减少时,其毛管束缚水信号也开始发散。

由此可知,在不考虑黏土束缚水信号的情况下,使用TSVD法反演能够保证二维T_2-T_1谱中毛管束缚水、可动水和天然气三者信号精度的等待时间序列最低为图3.16(e)所示的含有7个等待时间数组成的序列,且长、短等待时间分别保持为12s和0.01s。在考虑黏土束缚水信号的情况下,能够保证反演二维T_2-T_1谱中黏土束缚水、毛管束缚水、可动水和天然气四者信号精度的等待时间序列至少为图3.16(b)所示的含有10个等待时间数组成的序列,且长、短等待时间分别保持为12s和0.000 3s。同时,由反演过程可知,保持最佳的长等待时间有利于中、长孔径孔隙流体的充分极化,从而保证中、长弛豫信号反演的稳定性,而保留较低的短等待时间有利于短弛豫信号(束缚流体,特别是黏土束缚水)的聚焦。

表3.7 不同等待时间组合二维T_2-T_1反演的总孔隙度和相对误差

等待时间T_w(s)	总孔隙度(%)	相对误差(%)
20、12、3、1、0.3、0.1、0.03、0.01、0.003、0.001	10.11	1.1
12、3、1、0.3、0.1、0.03、0.01、0.003、0.001、0.000 3	10.12	1.2
12、3、1、0.3、0.1、0.03、0.01、0.003、0.001	10.14	1.4
12、3、1、0.3、0.1、0.03、0.01、0.003	10.33	3.3
12、3、1、0.3、0.1、0.03、0.01	10.35	3.5
12、3、1、0.3、0.1、0.03	10.47	4.7

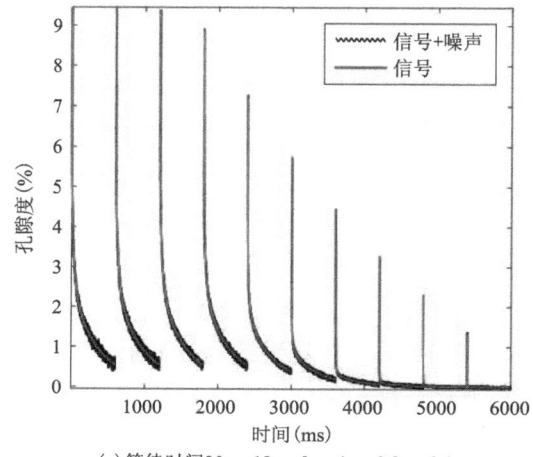

(a) 等待时间20s、12s、3s、1s、0.3s、0.1s、0.03s、0.01s、0.003s、0.001s

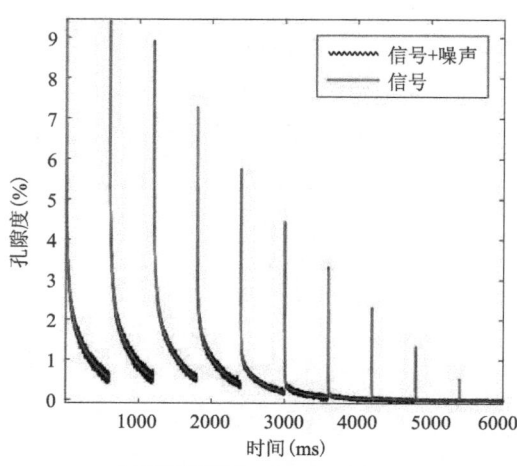

(b) 等待时间12s、3s、1s、0.3s、0.1s、0.03s、0.01s、0.003s、0.001s、0.000 3s

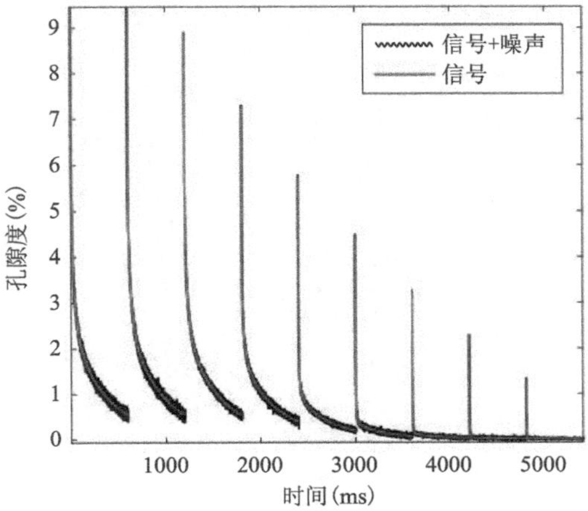

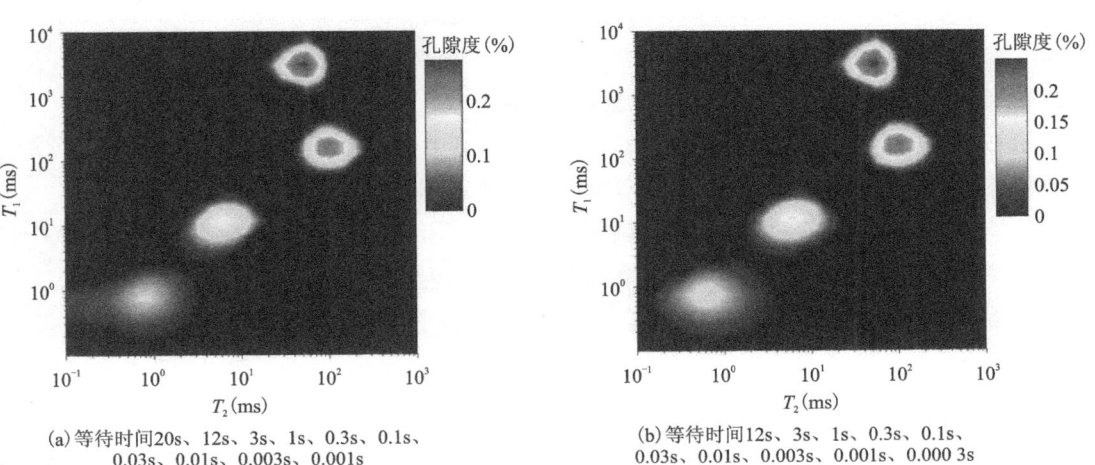

(c) 等待时间12s、3s、1s、0.3s、0.1s、0.03s、0.01s、0.003s、0.001s

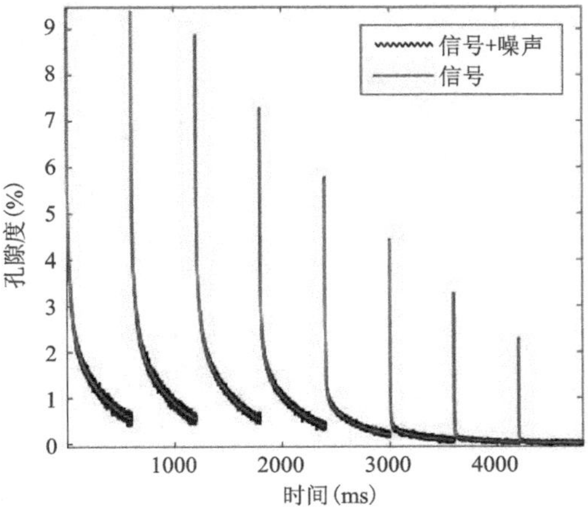

(d) 等待时间12s、3s、1s、0.3s、0.1s、0.03s、0.01s、0.003s

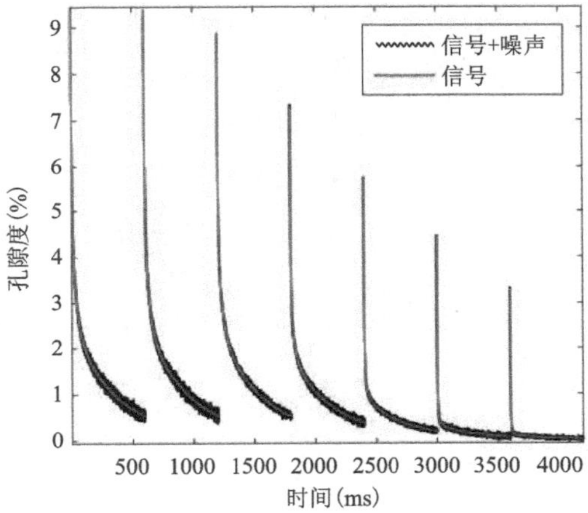

(e) 等待时间12s、3s、1s、0.3s、0.1s、0.03s、0.01s

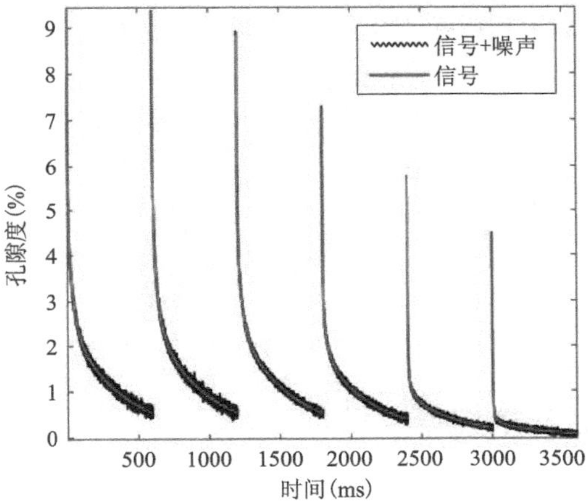

(f) 等待时间12s、3s、1s、0.3s、0.1s、0.03s

图 3.15　不同等待时间组合的二维 T_2-T_1 正演回波串对比图

(a) 等待时间20s、12s、3s、1s、0.3s、0.1s、0.03s、0.01s、0.003s、0.001s

(b) 等待时间12s、3s、1s、0.3s、0.1s、0.03s、0.01s、0.003s、0.001s、0.000 3s

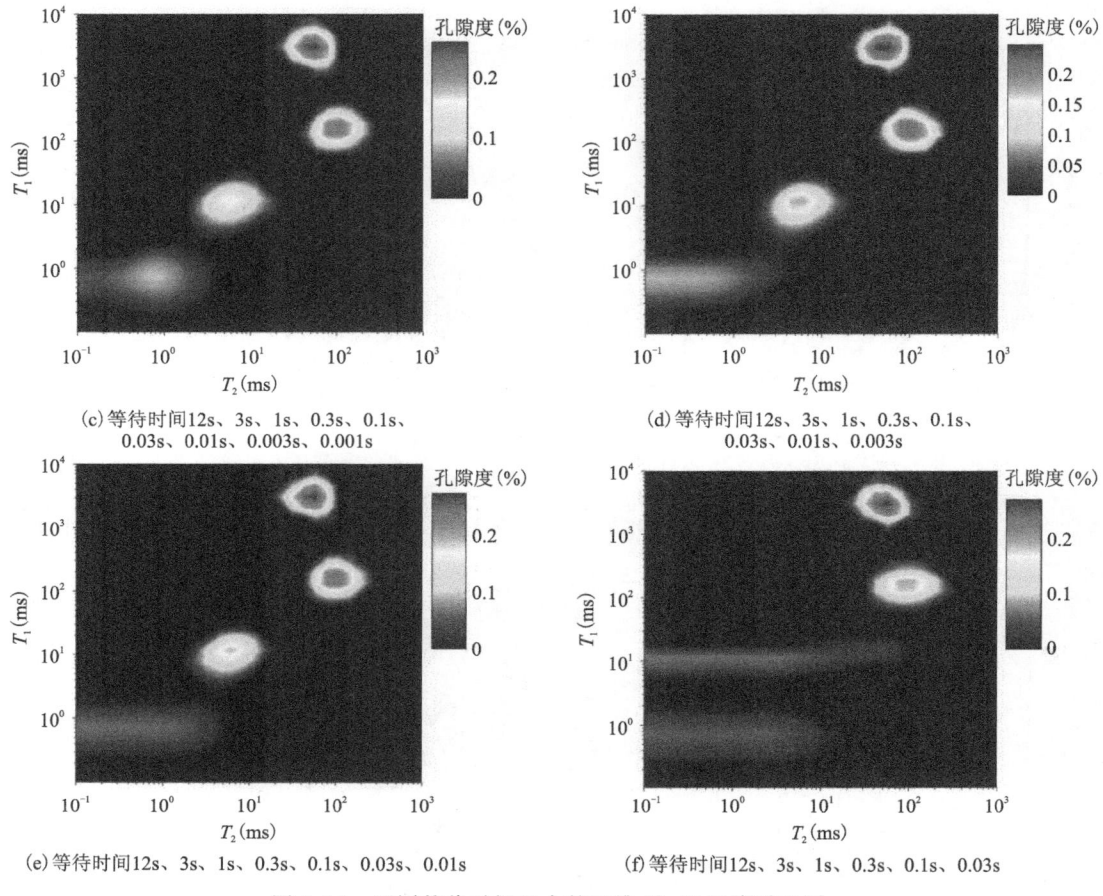

(c) 等待时间12s、3s、1s、0.3s、0.1s、0.03s、0.01s、0.003s、0.001s

(d) 等待时间12s、3s、1s、0.3s、0.1s、0.03s、0.01s、0.003s

(e) 等待时间12s、3s、1s、0.3s、0.1s、0.03s、0.01s

(f) 等待时间12s、3s、1s、0.3s、0.1s、0.03s

图 3.16 不同等待时间组合的二维 T_2-T_1 反演对比图

3. 不同回波数

和二维 T_2-D 谱类似，为了对比不同回波数组合下的二维 T_2-T_1 谱反演效果，设定 SNR 为 320 保持不变，回波数设定成 3 组。由于 T_2-T_1 谱回波间隔一致，设定回波间隔为 0.1ms，则根据式(3.16)，设定的 3 组回波数与相应的弛豫时间见表 3.8，正演生成回波串见图 3.17，反演的二维 T_2-T_1 谱见图 3.18。由图 3.18(a)可知，当回波数均为 6000 时，黏土束缚水信号轻微发散，但 4 种信号均清晰可辨，说明大回波数有利于控制长弛豫组分信号的聚焦，但不利于短弛豫组分(特别是黏土束缚水)信号的聚焦。由图 3.18(b)可知，当回波数均为 1000 时，黏土束缚水信号变得更聚焦，但可动水与天然气信号发生粘连，且天然气部分信号缺失，说明减少回波数有利于控制短弛豫组分信号的聚焦，但不利于长弛豫组分信号的聚焦。由图 3.18(c)可知，当回波数为大、中、小组合时，4 种信号均变得更加聚焦，且由计算的误差数据(表 3.8)可知，此时总孔隙度相对误差率最小，精度最高。

由此可知，大回波数有利于长弛豫组分流体的聚焦，小回波数有利于短弛豫组分流体的聚焦。在考虑黏土束缚水的情况下，回波数为大、中、小组合时，能够最大程度地分辨具有不同弛豫速率的流体之间的弛豫特征，对于提升4种流体信号反演的精度最为有利。

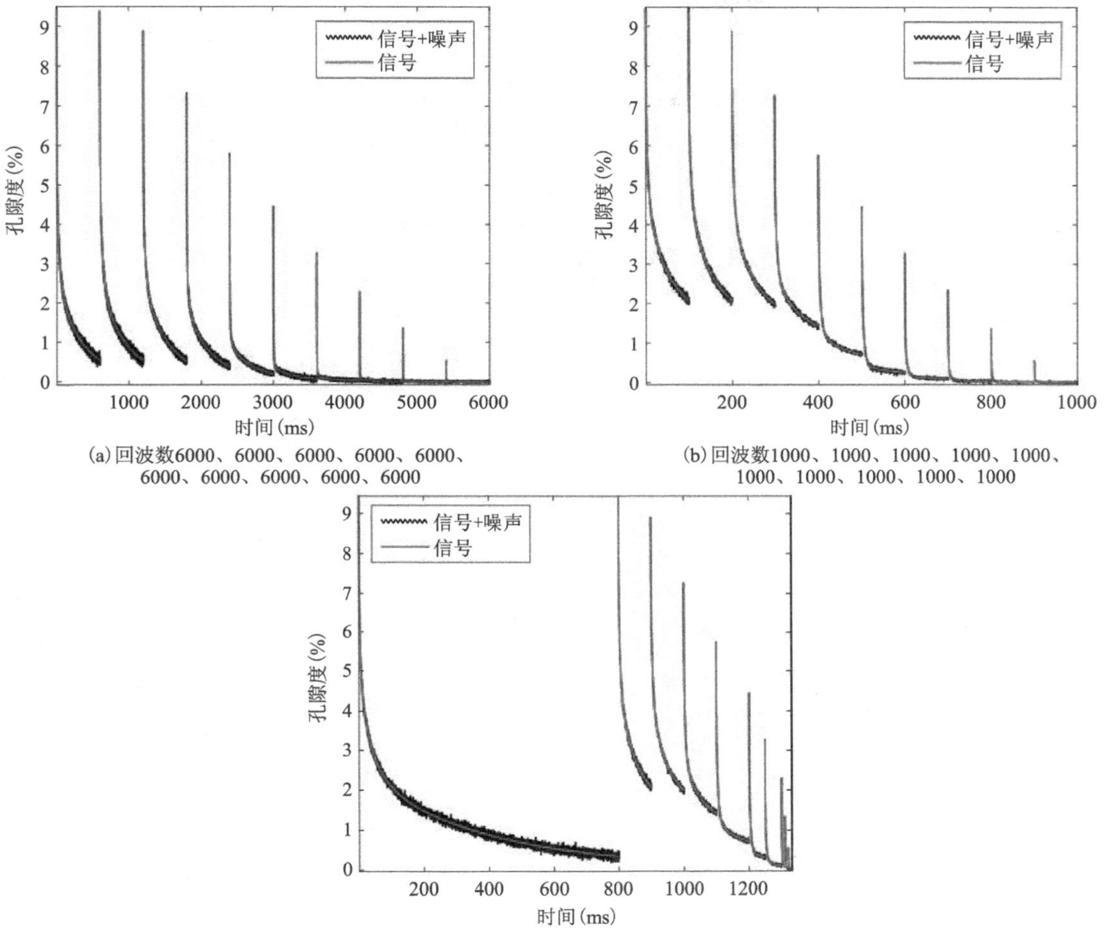

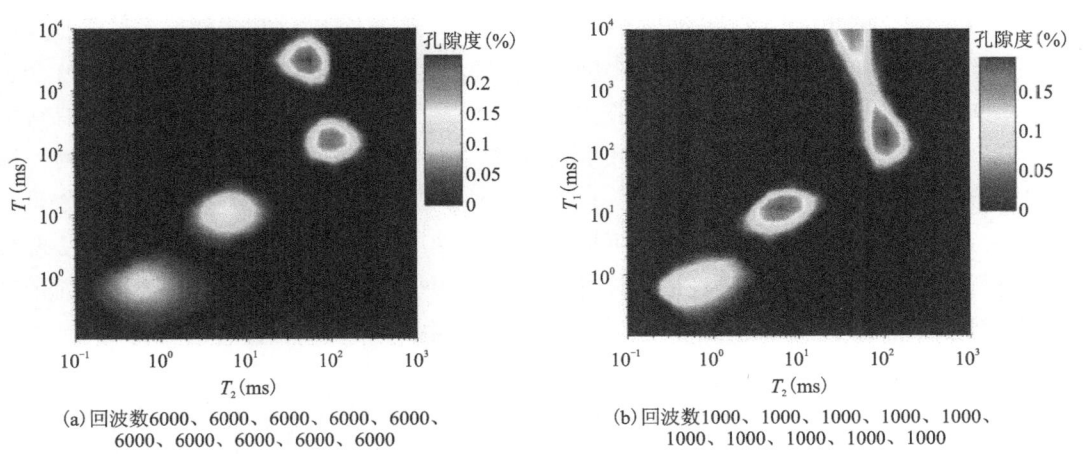

(a) 回波数6000、6000、6000、6000、6000、6000、6000、6000、6000、6000

(b) 回波数1000、1000、1000、1000、1000、1000、1000、1000、1000、1000

(c) 回波数8000、1000、1000、1000、1000、500、500、100、100、100

图3.17　不同回波数组合的二维 T_2-T_1 正演回波串对比图

(a) 回波数6000、6000、6000、6000、6000、6000、6000、6000、6000、6000

(b) 回波数1000、1000、1000、1000、1000、1000、1000、1000、1000、1000

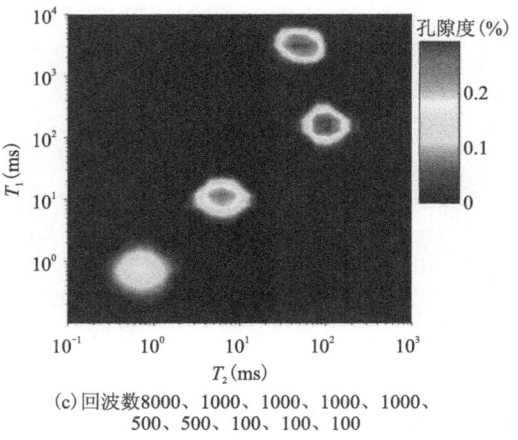

(c)回波数8000、1000、1000、1000、1000、
500、500、100、100、100

图 3.18　不同回波数组合的二维 T_2-T_1 反演对比图

表 3.8　不同回波数组合二维 T_2-T_1 反演的总孔隙度和相对误差

回波数 N_e	弛豫时间(ms)	总孔隙度(%)	相对误差(%)
6000、6000、6000、6000、6000、6000、6000、6000、6000、6000	600、600、600、600、600、600、600、600、600、600	10.12	1.2
1000、1000、1000、1000、1000、1000、1000、1000、1000、1000	100、100、100、100、100、100、100、100、100、100	9.87	1.3
8000、1000、1000、1000、1000、500、500、100、100、100	800、100、100、100、100、50、50、10、10、10	10.07	0.7

第四节　基于交点定位法的黏土束缚水信号校正

　　由上节可知，对于二维 T_2-T_1 谱反演来说，当考虑黏土束缚水信号时，一般认为二维反演得到的 T_1 谱信号为正确的，而二维反演得到 T_2 谱毛管束缚水、可动水和天然气的信号是正确的，黏土束缚水则由于设置的短等待时间不够小或者其他一些原因而经常变得发散，这会影响对黏土束缚水信号实际分布的判断及其体积的计算。在实际应用中，发散的原因也有可能是采集的原始黏土束缚水回波串信噪比较低、反演算法或反演参数设置等。但无论是何种原因造成，当遇到黏土束缚水信号不聚焦时，可以有 2 种解决方案：①更改仪器线路或参数重新测量，采集足够小的短等待时间回波串，再进行反演；②在反演过程中尝试其他反演算法或反演参数进行优化。第 1 种方案实现成本较高，但可以解决由原始回波串采集质量原因而带来的黏土束缚水反演信号发散问题，第 2 种方案需要对多种反演算法进行尝试或改进，寻找出最适合的增进黏土束缚水信号精度的算法和与之配套的参数设置。本书推荐首先应使用第 2 种方案，但当这 2 种方案都不能完全解决黏土束缚水信号发散问题时，需换一个角度尝试。本节从反演后校正的第 3 种方案出发，建立一种基于交点定位法的黏土束缚水信号发散校正

法。该方法作为前 2 种解决方案的有益补充,有效地解决了除原始回波串采集质量原因之外的黏土束缚水信号反演发散问题。

一、交点定位法原理及方法

大部分黏土束缚水的 T_2 和 T_1 谱呈独立的高斯单峰分布,有着明显的起始和结束边界,成为交点定位法实现的基础。虽然少部分黏土束缚水和毛管束缚水的 T_2 或 T_1 谱发生粘连,但也有清晰的起始边界,其结束边界可以按黏土和毛管束缚水截止值为界。要对发散的黏土束缚水信号进行校正,首先应进行黏土束缚水信号的定位,原理见图 3.19。保持毛管束缚水、可动水和天然气信号不变,单独利用二维测井等待时间序列中的最短等待时间回波串,运用一维方法反演出正确的黏土束缚水 T_2 谱,公式如下:

$$b_i = \int_{0.1}^{3} f_j \exp(-t_i/T_{2j}) \mathrm{d}T_{2j} + \varepsilon \tag{3.17}$$

式中:b_i 为 t_i 时刻的回波幅度;T_{2j} 为弛豫时间;ε 为测量噪声。

根据测量的黏土束缚水回波串 b_i 值,求解黏土束缚水各弛豫时间 T_{2j} 对应的幅度值 f_j,得到黏土束缚水 T_2 谱,求解积分区间为 0.1~3ms。再结合二维反演的黏土束缚水 T_1 谱,二者谱峰对应的交点 P 即为黏土束缚水信号的原点。

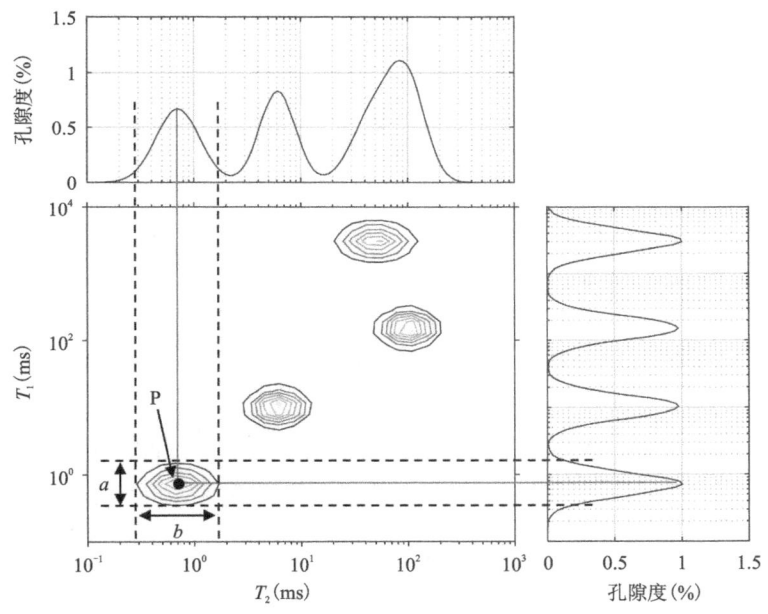

图 3.19 交点定位法原理示意图

当原点确定后,分别计算黏土束缚水信号 T_1 和 T_2 谱的宽度 a、b。以 T_2 谱为例,若 3ms 以内黏土束缚水 T_2 谱有确定的结束边界,则按其自然边界来求 b。考虑 T_1 和 T_2 谱高斯分布的光滑,如图 3.20 所示,一般设定高斯分布置信度为 0.99 时为其左右边界来确定 b 值而非以波谷处确定。若 3ms 处黏土束缚水和毛管束缚水的 T_2 谱发生粘连,则以理论截止值 3ms 作为黏土束缚水的右边界。当 a、b 值确定后,以 P 点为圆心,a、b 值分别作为纵、横向分布宽

度,在二维 T_2-T_1 谱中构建黏土束缚水的高斯分布信号,其计算公式为

$$G(x,y) = \frac{A}{2\pi\sigma_1\sigma_2\sqrt{1-\rho^2}}\exp\left\{-\frac{1}{2(1-\rho^2)}\left[\frac{(x-\mu_1)^2}{\sigma_1^2} - \frac{2\rho(x-\mu_1)(y-\mu_2)}{\sigma_1\sigma_2} + \frac{(y-\mu_2)^2}{\sigma_2^2}\right]\right\}$$
(3.18)

式中:A 为幅度值,由黏土束缚水孔隙度确定;μ_1,μ_2 为随机变量 x,y 的数学期望,其决定了 G 函数的分布位置;σ_1,σ_2 为标准差,其决定了 G 函数分布的幅度;ρ 为相关系数。令毛管束缚水高斯分布的纵、横向分布宽度相互独立,则 ρ 为 0,式(3.18)化简为

$$G(x,y) = \frac{A}{2\pi\sigma_1\sigma_2}\exp\left\{-\left[\frac{(x-\mu_1)^2}{2\sigma_1^2} + \frac{(y-\mu_2)^2}{2\sigma_2^2}\right]\right\}$$
(3.19)

式中:μ_1、μ_2 为交叉点 P 的坐标值,σ_1、σ_2 分别由 b 和 a 确定。构造以 P 点为中心点,其他点按照正态曲线分配黏土束缚水孔隙度权重的二维黏土束缚水高斯信号。交点定位法详细的求解步骤见图 3.21。

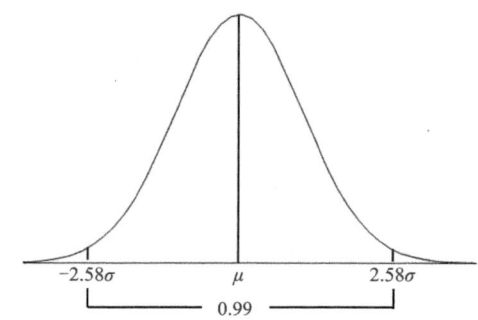

图 3.20 黏土束缚水 T_1 或 T_2 谱宽度边界示意图

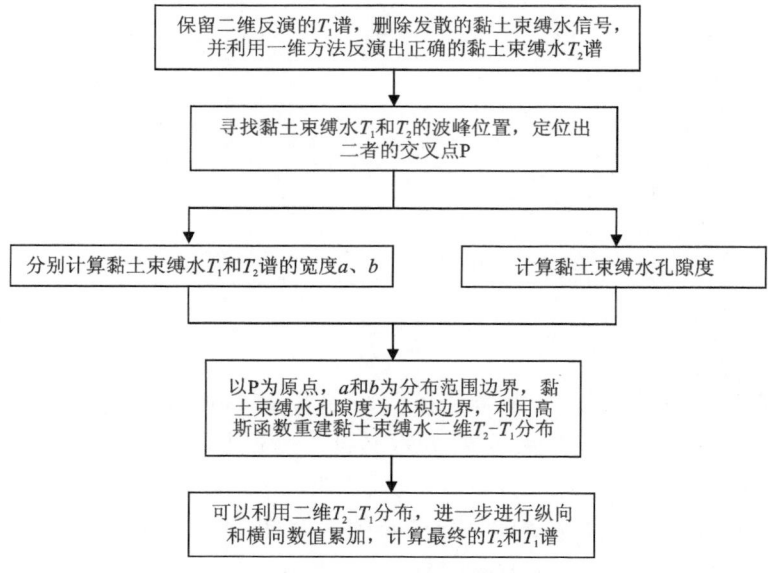

图 3.21 交点定位法求解流程图

二、应用实例

以不同等待时间序列二维 T_2-T_1 反演[图 3.16(e)]为例,其基于交点定位法的黏土束缚水信号校正见图 3.22。图 3.22(a)即在图 3.16(e)的基础上增加了 T_2 和 T_1 谱曲线,由该图可知,在校正前黏土束缚水部分的二维信号呈横向发散,其对应的 T_2 谱也为一直线。在校正后,如图 3.22(b)所示,其黏土束缚水信号二维分布聚焦性良好,T_2 谱也还原成正常的状态。由于黏土束缚水信号的重新聚焦,其纵向 T_1 的信号幅度增强,使该黏土束缚水信号较校正前略有升高。

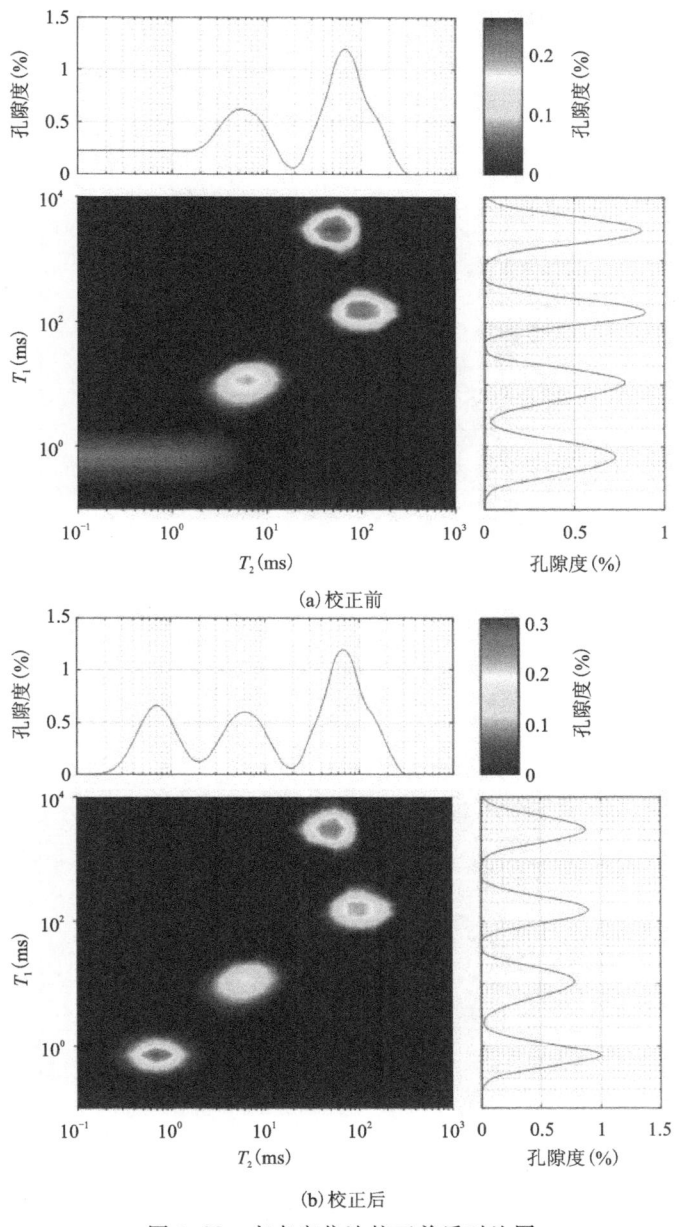

(a) 校正前

(b) 校正后

图 3.22 交点定位法校正前后对比图

另一个例子来自 JX3 井 2 846.9m 实际二维测井的反演资料,如图 3.23(a)所示,在校正前其二维谱左下角的黏土束缚水信号呈片状发散,对应 T_2 谱也呈高值分布,T_1 谱黏土束缚水谱峰呈平台状,说明黏土束缚水与部分毛管束缚水信号发生粘连,此时如图 3.23(a)中黑色箭头所示,可以取平台的中间部分作为 T_1 谱峰位置的近似估算,从而和一维方法计算的黏土束缚水 T_2 谱峰联合进行 P 点的定位。校正后的结果如图 3.23(b)所示,由于信号粘连,图中黑色箭头位置的值并不为 0,为了最大程度地避免校正后 T_1 谱失真,黏土束缚水主要在横向上进行聚焦,纵向上以红色箭头指示位置为 T_1 谱宽度的上边界进行限定。本例说明,在实际测井二维谱反演中的资料虽然要比模型谱复杂,但经过校正仍然可以在很大程度上还原其二维谱的真实性,从而增强对黏土束缚水体积的估算,更好地为致密砂岩储层解释评价奠定基础。

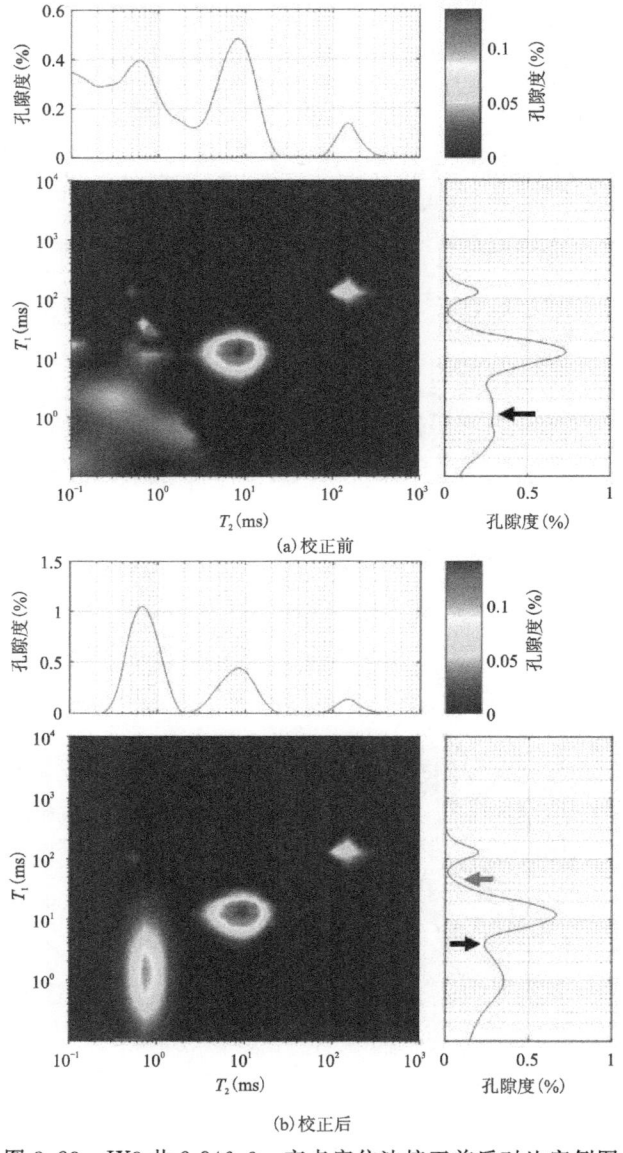

图 3.23　JX3 井 2 846.9m 交点定位法校正前后对比实例图

本章的研究内容可总结如下。

（1）经过二维谱反演影响因素分析，兼顾反演效率和精度，储层反演布点数应首选 30×30，考虑黏土束缚水信号的清晰可辨，压缩后数据量的最低下限应为 50。

（2）通过 TSVD 法反演二维 T_2-D 和 T_2-T_1 谱可知，要识别出黏土束缚水、毛管束缚水、可动水以及天然气 4 种信号，T_2-D 需要极高的信噪比。相比来说，T_2-T_1 谱识别含气储层中 4 种信号的能力要优于 T_2-D 谱。对于 T_2-D 谱反演来说，长回波间隔的减少对短弛豫流体组分的影响程度较大，短回波间隔的减少对长弛豫流体组分的影响程度较大。对于 T_2-T_1 谱反演来说，保持长等待时间有利于中、长弛豫信号反演的稳定性，保留较低的短等待时间有利于短弛豫信号的聚焦。无论是 T_2-D 谱还是 T_2-T_1 谱反演，其大回波数均有利于增强长弛豫组分流体信号的聚焦性，小回波数均有利于短弛豫组分流体信号的增强。

（3）建立一种基于交点定位法的黏土束缚水信号反演发散校正法。该方法基于谱峰定位和谱宽度计算，进而重建了黏土束缚水二维谱信号，有效地解决了除原始回波串采集质量原因之外的黏土束缚水信号反演发散问题。

第四章　核磁共振测井应用研究

核磁共振测井在识别储层流体类型、孔隙结构以及计算储层孔隙度和渗透率等方面有着很大的优势,尤其是在识别孔隙结构方面具有其他测井方法不能比拟的优势,以鄂尔多斯盆地杭锦旗地区的低孔低渗致密砂岩气储层的核磁共振测井数据为依托,分析了一维和二维核磁共振测井在储层流体和孔隙度识别、储层孔隙度及渗透率计算的应用原理,并以此进一步展开核磁共振测井的应用研究。

第一节　核磁共振测井测前设计分析

一次成功的核磁共振测井,离不开测前根据待测井区域的地层及流体属性进行初步评估,进而根据测井目的优选出最合适的测井方案,称之为测前设计。其中核磁测井观测模式是测前设计的一个重要内容,能否选择最佳的观测模式是决定核磁共振测井成功与否的重要步骤。

一、测前设计方法

MRIL-P 型核磁仪在测井前应根据钻孔、地质以及储集层的情况设计并确定合适的采集方式。孔隙流体横向弛豫时间 T_2 是体积弛豫、表面弛豫和扩散弛豫的叠加。因数值较大,要求测速很慢。不同 T_1 对测量结果会产生一定的影响,T_1 由体积弛豫、表面弛豫两种弛豫时间叠加。表 4.1 给出了不同流体核磁特性参数计算方法,由此可知,油、气、水具有不同的参数分布区间。通过了解所测目标井的地质参数,包括深度、温度、地层压力、油气水黏度及密度等,根据这些参数预判流体核磁特性,确定优化的测量参数,为现场核磁测井提供合适的观测模式。

表 4.1　核磁流体特征(肖立志,2007a)

流体	自由弛豫时间 $T_1, T_2(s)$	$D(10^{-5}\text{cm}^2/\text{s})$	HI
水	$\approx 3\dfrac{T}{298\eta}$	$\approx 1.3\dfrac{T}{298\eta}$	≈ 1
油	$\approx 2.1\dfrac{T}{298\eta}$	$\approx 1.3\dfrac{T}{298\eta}$	≈ 1
气	$T_{1g}=2.5\times 10^4\dfrac{\rho}{T(k)^{1.17}}$	$D_g=8.5\times 10^{-2}\dfrac{T(k)^{0.9}}{\rho}$	2.25ρ

注:T 是储层温度,单位 K;ρ 是实际的天然气密度,单位 g/cm³;η 为黏度,单位 cp,天然气密度可以从井中取样直接得到,也可以使用软件计算得出。

总体来说，MRIL-P 型核磁仪的测前设计分为 3 个步骤：

(1) 确定流体的核磁共振特征。通过邻井资料预测目标井目的层深度处的地温、地温下流体黏度和气的密度，根据表 4.1 计算出油、气、水核磁特征值 T_1、T_2、D、HI。

(2) 预判主要目的层的核磁响应。首先估算合理的 T_E。将以上预测的油、气、水的 T_1、T_2、D 代入式 (4.1)～式 (4.3) 中，计算 T_2 弛豫谱。通过改变 T_E 来控制油、气、水的 T_2 分布区间，使它们在 T_2 谱分布区间上有明显的差异，以便用移谱法 (SSM) 识别流体性质，此时的 T_E 值即为所预测井的最合适 T_E 值。

$$\frac{1}{T_{2g}} = \frac{1}{T_{2g}} + \frac{D_g(\gamma G T_E)^2}{12} \tag{4.1}$$

$$\frac{1}{T_{2o}} = \sum \left(\frac{1}{T_{2o}}\right)_i + \frac{D_o(\gamma G T_E)^2}{12} \tag{4.2}$$

$$\frac{1}{T_{2w}} = \frac{1}{T_{2w}} + \sum \left(\rho_2 \frac{S}{V}\right)_i + \frac{D_w(\gamma G T_E)^2}{12} \tag{4.3}$$

然后估算等待时间 (T_{WL}、T_{WS})。对于含油、气、水的地层，核磁测井视孔隙度是在给定的极化时间下，水孔隙度 [式 (4.4)]、油孔隙度 [式 (4.5)] 和气孔隙度 [式 (4.6)] 的总和，T_W 的确定直接影响到核磁测井视孔隙度的准确性。一般情况下，通过选取 $T_W = 3\max(T_{1o}, T_{1g}, T_{1w})$，使极化项 $(1-e^{-T_w/T_1})$ 趋近于 1，保证有足够时间使油、气、水得到完全极化，此时 T_W 即为长等待时间 T_{WL}。变化 T_W，使水完全极化，而油、气信号得到部分极化，此时的 T_W 即为短等待时间 T_{WS}。通过等待时间（恢复时间）的改变来观测油气层与水层的 T_2 分布差异，以便用差谱法 (DSM) 识别流体性质。

$$\phi_w = \mathrm{HI}_w \sum [S_{wi} \cdot \phi_i (1 - e^{-T_w/T_{1wi}})] \tag{4.4}$$

$$\phi_o = \phi \sum [S_{oi} \cdot \mathrm{HI}_{oi} (1 - e^{-T_w/T_{1oi}})] \tag{4.5}$$

$$\phi_g = \phi \cdot S_g \cdot \mathrm{HI}_g (1 - e^{-T_w/T_{1g}}) \tag{4.6}$$

(3) 选定观测模式并确定模式参数。在对油藏及其流体的核磁特性估算后，就可根据测井目的确定测量方式和采集参数。根据不同的测井目的，可将观测模式分为 4 种基本模式（表 4.2），即标准 T_2 模式（主要用于计算总孔隙度、有效孔隙度、毛管束缚水、泥质束缚水、渗透率）、双 T_W 模式（主要用于油气识别与轻烃定量分析）、双 T_E 模式（主要用于稠油、气体的检测和定量计算）、双 T_W/双 T_E 模式（勘探初期常用的测量模式）。

表 4.2　4 种基本观测模式及其参数选择基本要求

序号	测井目的	观测模式	应确定参数	参数选择基本要求
1	确定孔渗、束缚流体和可动流体	标准 T_2	T_W、T_E、N_e	$T_W \geqslant 3T_1$、$G \cdot T_E \approx 18$、$N_e \geqslant \max(T_{2o}, T_{2g}, T_{2w})/3T_E$

续表4.2

序号	测井目的	观测模式	应确定参数	参数选择基本要求
2	确定孔渗、预测产能，同时识别轻质油气并计算其含量	双 T_W	T_{WL}、T_{WS}、T_E、N_e	$T_{WS} \geq 3T_{1w}$、$T_{WL} \geq 3T_1$，max(烃)一般选12s，大孔隙储层 T_E 一般选1.2ms，小孔隙储层 T_E 一般选0.9ms。$N_e \geq \max(T_{2o}, T_{2g}, T_{2w})/3T_E$
3	提供孔渗、预测产能、识别气层及中等黏度油并计算含量	双 T_E	T_{EL}、T_{ES}、N_{EL}、N_{ES}、T_W	$T_W \geq 3T_1$、选定 T_{EL} 使油气水的信号完全分离，$N_e \geq \max(T_{2o}, T_{2g}, T_{2w})/3T_{ES}$、$T_{EL} \cdot N_{EL} \approx T_{ES} \cdot N_{ES}$
4	新探区或复杂情况下	双 T_W/双 T_E	T_{WL}、T_{WS}、T_{EL}、T_{ES}、N_{EL}、N_{ES}	同时满足双 T_E、双 T_W 观测模式参数选取基本要求

标准 T_2 模式：需要采集两个回波串，由完全极化（A组）和部分极化（PR06组）两组回波串组成。在完全极化时，得到的回波串中包括毛管束缚水和自由流体的信号，而在部分极化时，得到的仅是黏土束缚水的信号。完全极化的A组回波串采集参数为：长回波间隔 $T_{EL}=1.2\text{ms}$ 或 0.9ms，回波个数 $N_e=400$ 或 500，长等待时间 T_{WL} 预先设计为8s、9.5s、12s 可供选择。部分极化的 PR06 组回波串采集参数为：短等待时间 $T_{WS}=20\text{ms}$，短回波间隔 $T_{ES}=0.6\text{ms}$，回波个数 $N_e=10$，累加次数 $N_S=50$。部分极化时测量得到50个回波串，每个回波串由10个回波组成。前两个回波串用来稳定测井仪器，不参与孔隙度计算，其他48个回波串累加并取平均，用于泥质束缚水孔隙度的计算。选择标准 T_2 模式时，应确定 T_W、T_E、N_e。应确定的模式参数需满足：$T_W \geq 3T_1$（极化完全）、$G \cdot T_E \approx 18$（G 为磁场梯度，该条件为各种探头测得相同的 T_2 衰减）、$N_e \geq \max(T_{2o}, T_{2g}, T_{2w})/3T_E$（较好的信噪比）。

双 T_W 模式：根据气、水具有不同的弛豫响应特征，采用不同的等待时间 T_W 进行测量，可反映流体性质。短等待时间 T_{WS}：水信号可完全恢复，烃不能完全恢复。长等待时间 T_{WL}：水信号可完全恢复，烃也能完全恢复。将两种 T_W 测得的 T_2 谱相减（差谱），可基本消除水的信号，突出烃信号，从而达到识别气、水层的目的。选择双 T_W 模式时，应确定 T_{WL}、T_{WS}、T_E 和 N_e。模式参数需满足：$T_{WL} \geq T_{WS} \geq 3T_{1w}$（水完全极化）、$\phi_{aL} - \phi_{aS} \geq 1\%$（油气在 T_{WL} 时完全极化而在 T_{WS} 时部分极化，并且使油气在差谱上有一定烃信号指示；ϕ_{aL} 为油气信号在 T_{WL} 下，储层流体被完全极化时所计算的孔隙度；ϕ_{aS} 为油气信号在 T_{WS} 下，储层流体被部分极化时所计算的孔隙度。）、$G \cdot T_E \approx 18$（各种探头测得相同的 T_2 衰减）、$N_e \geq \max(T_{2o}, T_{2g}, T_{2w})/3T_E$（较好的信噪比）。

双 T_E 模式：利用流体扩散特性对横向弛豫的影响来探测天然气和中等黏度的油。由于气或轻质油的扩散系数较大，因此扩散弛豫时间较小，即 T_2 谱前移。而扩散弛豫时间可以利用不同长度的回波间隔进行控制，回波间隔时间越长，扩散弛豫时间越短，因此根据这种扩散弛豫特性，可以对具有较高扩散系数的气或轻质油进行识别。选择双 T_E 模式时，应确定 T_{EL}、T_{ES}、N_{EL}、N_{ES} 和 T_W。应确定的模式参数需满足：$T_W \geqslant 3T_1$（极化完全）、选定 T_{EL} 使油气水的信号完全分离[式(4.1)～式(4.3)]、$N_e \geqslant \max(T_{2o}, T_{2g}, T_{2w})/3T_{ES}$（较好信噪比），$T_{EL} \cdot N_{EL} \approx T_{ES} \cdot N_{ES}$。

双 T_W/双 T_E 模式：该模式有两个 T_E 和两个 T_W，相当于一个单 T_E 双 T_W 模式和一个双 T_E 单 T_W 模式组合测井，它既能进行差谱分析也能进行移谱分析，为储层流体识别的首选测量模式。选择双 T_W 双 T_E 模式时，应确定 T_{WL}、T_{WS}、T_{EL}、T_{ES}、N_{EL}、N_{ES}。应确定的模式参数需满足：$T_{WL} \geqslant 3T_{1,\max}$（烃）、$T_{WS} \geqslant 3T_{1,\max}$（地层水）、$N_e \geqslant \max(T_{2o}, T_{2g}, T_{2w})/3T_{ES}$（较好的信噪比）、$\phi_{aL} - \phi_{aS} \geqslant 1\%$、选定 T_{EL} 使油气水的信号完全分离[式(4.1)～式(4.3)]，$T_{EL} \cdot N_{EL} \approx T_{ES} \cdot N_{ES}$。

需要说明的是，上述是针对一维核磁共振测井来进行的测前设计方法分析，二维核磁共振测井的测前各种参数的设计方法和一维大致相同，但有所不同的是，二维核磁共振测井在观测模式上对一维核磁进行了拓展，将双 T_W 模式变成了多 T_W 模式，以及将双 T_E 模式变成了多 T_E 模式。准确选择观测模式可以提高测井资料采集的效率。

对二维核磁共振测井来说，T_2 或有效孔隙度观测模式常用于资料非常丰富地区的测井作业，利用它快速准确的特点获取目的储层物性信息，进行储层品质的评价；多 T_W 烃类检测观测模式或称时域分析模式可用于含气或轻质油的储层，测井资料处理过程中利用 T_1 加权或 T_1 值的反演，结合 T_2 谱信息进行储层参数的计算，储层流体的判别；多 T_E 烃类检测观测模式或称扩散分析模式适用于油、气层评价，因其对扩散系数 D 的反演，可用于烃类流体特别是稠油类的储层识别；总孔隙度观测模式常用于勘探程度较低或储层情况较为复杂的区块，因其对弛豫-扩散信息的采集更为全面，目的储层品质不清、流体类型及特征不明的情况下较为适用。

二、观测模式选择

观测模式优选的根本目的是依据采集不同的目标信息，在不断调和目的信息采集质量与测井施工成本这两个重要因素之间做出一个平衡的选择。选择的原则是在保证测井资料取全、可用的前提下，尽可能选择低成本、高效率的观测模式。

1. 一维核磁共振测井观测模式的选择

杭锦旗地区一维核磁共振测井的应用由来已久，其主要利用 T_2 谱信息进行储层流体类型识别与储层参数计算，针对目的层特征与勘探开发人员想要获取的信息，常常还需要用到移谱法与差谱法对 T_2 值进行处理。杭锦旗地区储层是低孔低渗的致密气储层，孔隙结构复杂，地层横向变化较快，探勘难度较大，为了取全取准地层所包含的全部信息，经过前期的试验探索，最终选择了双 T_W/双 T_E 的 D9TWE2 观测模式来采集一维核磁共振测井数据，其参数见表 4.3。

表 4.3　杭锦旗地区一维核磁观测模式 D9TWE2 参数

回波串分组	模式代码	等待时间 T_W(ms)	回波间隔 T_E(ms)	回波数 N_e
A	09DFHQ	12 988	0.9	500
B	09DFHQ	1000	0.9	500
C	PR06HQXPRS	20	0.6	10
D	27DFHQ	12 990	2.7	166
E	27DFHQ	1002	2.7	166

2. 二维核磁共振测井观测模式的选择

二维核磁共振测井是在一维测量横向弛豫时间 T_2 的基础上，采集多等待时间 T_W 或多回波间隔 T_E，进行多回波串联合反演，求解出纵向弛豫时间 T_1 或扩散系数 D。对比 T_2-T_1 或 T_2-D 对目标烃类的响应特征，选择适用于研究区岩性、物性、含油气性的观测模式。进而利用优选模式下的二维核磁测井得到的二维谱信息来进行目的层的测井资料解释。目前，杭锦旗地区二维核磁测井选择 GAS2D712 模式，其参数见表 4.4。

表 4.4　杭锦旗地区二维核磁观测模式 GAS2D712 参数

回波串分组	模式代码	等待时间 T_W(ms)	回波间隔 T_E(ms)	回波数 N_e
A	09DFHQ	12 034	0.9	800
B	09DFHQ	3371	0.9	100
D	09DFHQ	1000	0.9	100
G	PR06T1T2G	300	0.6	100
F	PR06T1T2G	100	0.6	100
E	PR06T1T2G	30	0.6	50
C	PR06T1T2G	10	0.6	50

第二节　流体性质识别

核磁共振在流体性质识别方面的应用由来已久，一维核磁共振以差谱和移谱技术识别流体，在传统常规储层中已经取得了一些成果，但随着国内非常规储层开发进程的加快，在低孔低渗等复杂储层的流体识别方面效果欠佳。二维核磁的引入增强了非常规低孔低渗储层流体识别的能力，使核磁共振识别疑难储层的能力进一步提升，也使得在杭锦旗地区利用核磁共振识别致密砂岩气储层的成功率大大提高,但在二维核磁测井初步应用的同时,也遇到一些由于气水弛豫特征的改变而导致的弛豫分布区间不明确等亟待解决的问题。本节从核磁流体识别原理入手,介绍了气、水层的识别方法,并结合杭锦旗地区的实际地层核磁特征分析了致密砂岩气、水层的弛豫特征的变化,最后列举了杭锦旗地区成功提升流体性质识别能力的实际应用案例。

一、致密砂岩气、水层弛豫特征变化机理分析

由核磁共振原理可知,总 T_2 弛豫时间由体积弛豫 $T_{2\text{-bulk}}$、表面弛豫和扩散弛豫 $T_{2\text{-cpmg}}$ 共同决定,用公式表示为

$$\frac{1}{T_{2\text{-cpmg}}} = \frac{1}{T_{2\text{-bulk}}} + \rho_2 \frac{S}{V} + \frac{D(\gamma G T_E)^2}{12} \quad (4.7)$$

对于气层来说,T_2 主要受扩散弛豫影响,体积弛豫可以忽略,所以式(4.7)可改写为

$$\frac{1}{T_{2\text{-cpmg}}} \approx \frac{D(\gamma G T_E)^2}{12} \quad (4.8)$$

由此可知,对于气层来说,扩散系数和 T_2 值呈倒数关系,对于致密砂岩气储层来说,当扩散系数减小时,其 T_2 值会增加。对于致密砂岩水层来说,T_2 主要受表面弛豫影响,体积弛豫也可以忽略,所以式(4.7)可改写为

$$\frac{1}{T_{2\text{-cpmg}}} \approx \rho_2 \frac{S}{V} \quad (4.9)$$

天然气是在岩石内部的连通孔隙中进行扩散的,其扩散系数受储层孔隙度、孔隙结构、流体性质、温度以及压力等多种因素的影响。付广等(2003)对松辽盆地徐家围子断陷深层泥岩进行甲烷扩散系数实验及校正研究发现,由于孔隙水的存在,水的黏度对天然气扩散系数的影响大于温度的影响,而岩石孔隙度的影响又超过了温度和孔隙水黏度的影响。付广等(2004)和徐光焰(2004)认为在砂泥岩地层天然气扩散系数的诸多影响因素中,物性及温度的影响占主要因素,物性和温度均与天然气扩散系数正相关,但随着地层深度增加,储层温度会逐渐升高而物性会变差,这时扩散系数随着深度的增加是增大还是减小取决于温度和物性二者谁的作用更强,若温度作用更强,则扩散系数随深度的增加而增加,若物性作用更强,则扩散系数随深度的增加而减小。郝景波等(2007)对松辽盆地昌德气藏泉一、二段盖层的古天然气扩散系数的恢复研究表明,由于地层深度的增加,物性逐渐变差,天然气扩散系数逐渐减小。基于 T_2 弛豫时间原理及天然气扩散特性分析,对于常规储层来说,当储层为水层时,表面弛豫起主要作用,所以总弛豫时间主要受控于表面弛豫时间。当储层为气层时,扩散弛豫起主要作用,总弛豫时间也主要取决于扩散弛豫时间。常规条件下由于气的扩散系数比水大很多,横向扩散弛豫时间会比横向表面弛豫时间短,所以在常规储层中气层的 T_2 谱值会小于水层的 T_2 谱值。

如图 4.1 所示,对于亲水岩石润湿性储层,当地层孔隙流体全部为水时,此时核磁共振 T_2 谱能够完全代表其孔径大小分布,当储层为油层时,由于亲水岩石孔隙壁表面会形成水膜,所以核磁共振 T_2 谱会发生变化。与原纯水层 T_2 谱相比(虚线为纯水层时 T_2 谱位置),水膜被

识别为束缚水而向 T_2 谱的前端移动,而油由于具有较大的横向弛豫时间则向 T_2 谱后端移动。对于常规气层来说,含大孔径尺寸孔隙较多,由于气具有较小的横向弛豫时间,致使气谱较原来水谱位置向前移动。对于致密砂岩气层来说,由于地层压实作用增强,使得小孔径尺寸孔隙大大增多,喉道迂曲度增加,孔隙结构变复杂,致使气在储层中的扩散系数降低,导致气谱向后移动。在杭锦旗地区,相对大量的小孔径尺寸孔隙与相对少量的大孔径尺寸孔隙同时存在,造成气谱会同时存在向前和向后的两种移动状态,致使气对 T_2 谱的影响更为复杂。

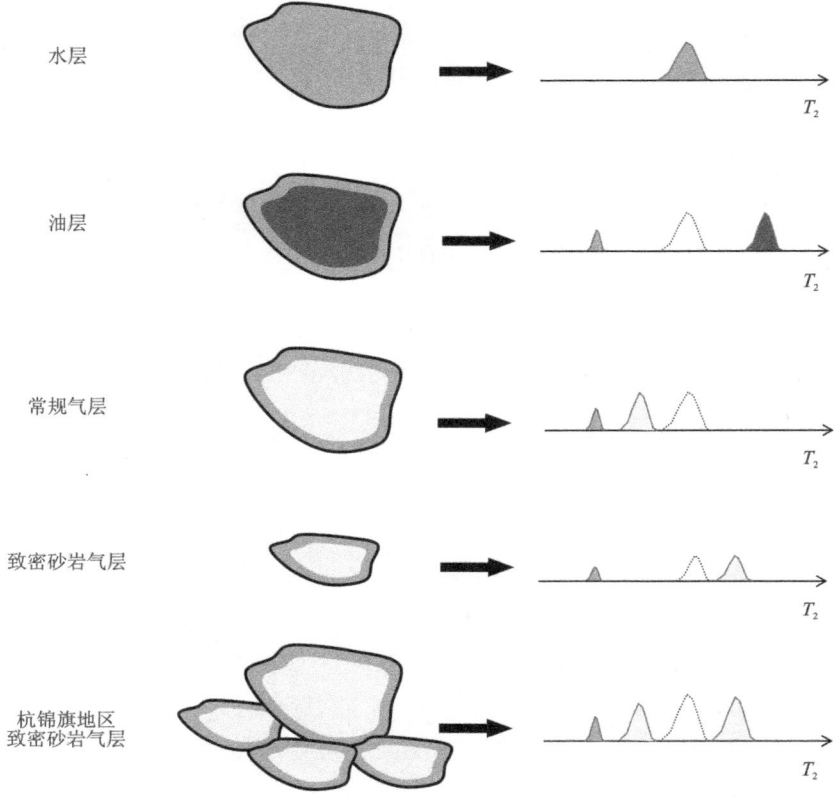

图 4.1　不同类型的润湿性储层 T_2 弛豫特征变化示意图

二、杭锦旗地区气、水层弛豫谱特征分析

为了获得杭锦旗地区致密砂岩气储层的弛豫谱分布特征,依据该地区试采结论,对已证实为气层和水层的共计 30 层储层的核磁共振测井资料进行分析,经过统计一维核磁共振中水层的 T_2 谱分布,气层的 T_2 谱差谱分布以及二维核磁共振中气、水层的 T_2 谱分布信息,总结了杭锦旗地区地层状态下的气、水层弛豫谱实际的分布范围,见表 4.5。

由图 4.1 可知,由于杭锦旗地区储层大量存在的中、小尺寸孔径以及少量的大尺寸孔径,复杂的孔隙组合使得该地区致密砂岩气、水层纵横向弛豫谱主峰分布范围和典型气水层弛豫特征值分布范围相比分布更宽。尤其是气层横向弛豫 T_2 谱的主峰与典型气层 T_2 谱主峰相比,向后拖动的范围更大,由 30~60ms 变成 30~500ms。

表 4.5　杭锦旗地区储层流体核磁共振弛豫谱分布特征

流体类型	纵向驰豫时间 T_1(ms)	横向弛豫时间 T_2(ms)	T_1/T_2
水	全谱分布范围 0.5～5000	全谱分布范围 0.3～3000	1～10
	主峰分布范围 0.5～500	主峰分布范围 0.3～500	
气	全谱分布范围 300～5000	全谱分布范围 20～600	10～100
	主峰分布范围 3000～5000	主峰分布范围 30～500	

为了识别流体性质的需要，基于以上弛豫谱分布特征，建立了适合于杭锦旗地区的 T_1-T_2 二维核磁共振识别图(图 4.2)。以 T_1/T_2 为限定，经过区域划分后，可以比较容易的定性识别气、水层，以及定量的计算出气、可动水及束缚水的孔隙度。

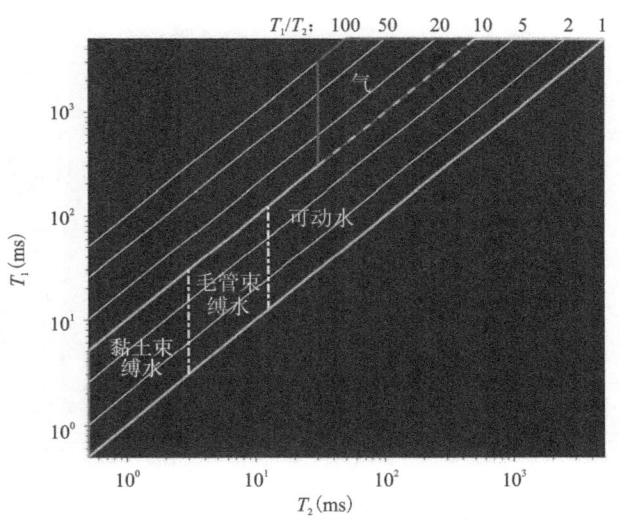

图 4.2　杭锦旗地区二维核磁共振气、水层识别图

三、流体性质识别在杭锦旗地区的应用实例

1. 一维核磁共振流体性质识别实例

杭锦旗地区 JX1 井 3120～3152m 一维核磁共振流体识别结果见图 4.3，第一道为常规测井曲线，第三道为长等待时间 T_2 谱，即标准 T_2 谱。第 11 号层深度为 3128.2～3139.0m，该层上部 T_2 谱呈双峰和三峰分布，主峰分布范围主要在 3～200ms 且后峰幅度较高，表明该层上部孔径尺寸多样，孔隙以中小尺寸孔径为主且中等尺寸孔径占优。该层下部 T_2 谱主要呈单峰分布，主峰分布范围主要在 6～60ms 且从上至下呈单峰逐渐向左偏移，表明储层下部孔径尺寸呈单峰逐渐减小，孔隙以小孔径尺寸孔隙占优。从第 11 号层的 T_2 谱形态来看，整个

孔径尺寸从上至下逐渐减小,反映了沉积能量的逐渐减弱,属于逆粒序沉积,与第一道自然伽马呈漏斗形态也较为吻合。从第五道的差谱信号可以看出,该层差谱信号比较强烈,主要分布在 30~300ms,反映储层含气特征明显且上部大于下部。从第六道的移谱信号可以看出,长回波间隔 T_2 谱较短,回波间隔 T_2 谱明显前移,综合所有特征该层评价为气层。

第 12 号层深度为 3 144.0~3 148.0m,该层 T_2 谱呈双单峰分布,两个峰值分别为 0.5ms 和 6ms,表明该层孔隙为微、小尺寸孔径的孔隙,该层孔径尺寸较为单一且成陡峭状孤立直峰,显示有水层的特征,但受控于微、小尺寸孔径,该层多为束缚水,预测不会有较大的产水量。和第 11 号层相同,该层也属于逆粒序沉积。第五道显示为较弱的差谱信号,第六道的移谱信号显示并没有明显前移,综合所有特征该层评价为含气层。经实际试采资料证实,第 11 和 12 号两层合采日产气 1.2 万 m^3,日产水 4.5m^3,属于高产气微产水,证实了解释结论的正确性。

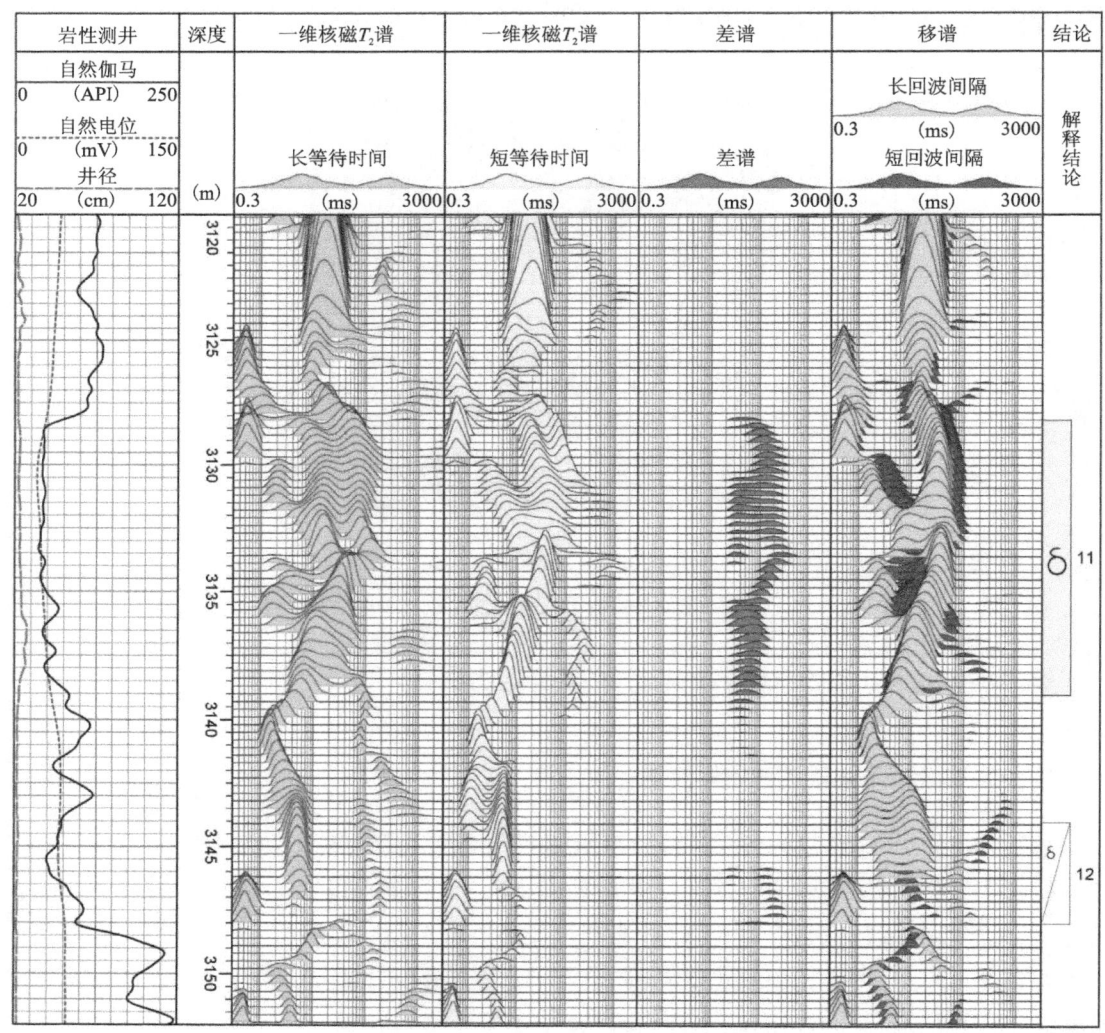

图 4.3　杭锦旗地区 JX1 井 3120~3152m 一维核磁共振流体识别图

图 4.4 展示了 JX2 井一维核磁测井第一次结论解释失败的例子。第 2 号层深度 3 061.9～3 068.0m，核磁长等待时间谱呈多峰分布且谱的横向展布较宽，主峰分布范围为 0.4～7ms，50～120ms 中等孔径孔隙也有分布但幅度较小，说明该层以小孔径孔隙为主，毛管束缚水体积较多而可动流体体积相对较少。差谱显示有微弱的含气信号，移谱长回波间隔 T_2 谱较短，回波间隔 T_2 谱有所前移，综合显示，第一次测井解释为含气层。第 4 号层深度 3 077.4～3 082.8m，和第 2 号层类似，核磁长等待时间谱也呈多峰分布但横向展布相对变窄，主峰分布范围为 0.4～10ms 且呈孤立状分布，60ms 和 90ms 中等孔径孔隙也有少量分布，说明该层以微、小孔径孔隙为主，黏土和毛管束缚水占比较多而可动流体占比相对较少。差谱显示有微弱的含气信号，移谱个别谱峰有所前移，综合显示第一次测井结论解释为含气层。第 3 号层深度 3 072.3～3 077.0m，与第 2 号和第 4 号层相比，该层谱峰进一步向左偏移，主峰范围为 0.5～4ms，反映主要为黏土束缚水，含有少量毛管束缚水和可动流体。差谱显示有微弱的含气信号，移谱没有前移。因该层存在较多的黏土束缚水，所以综合评价为干层。

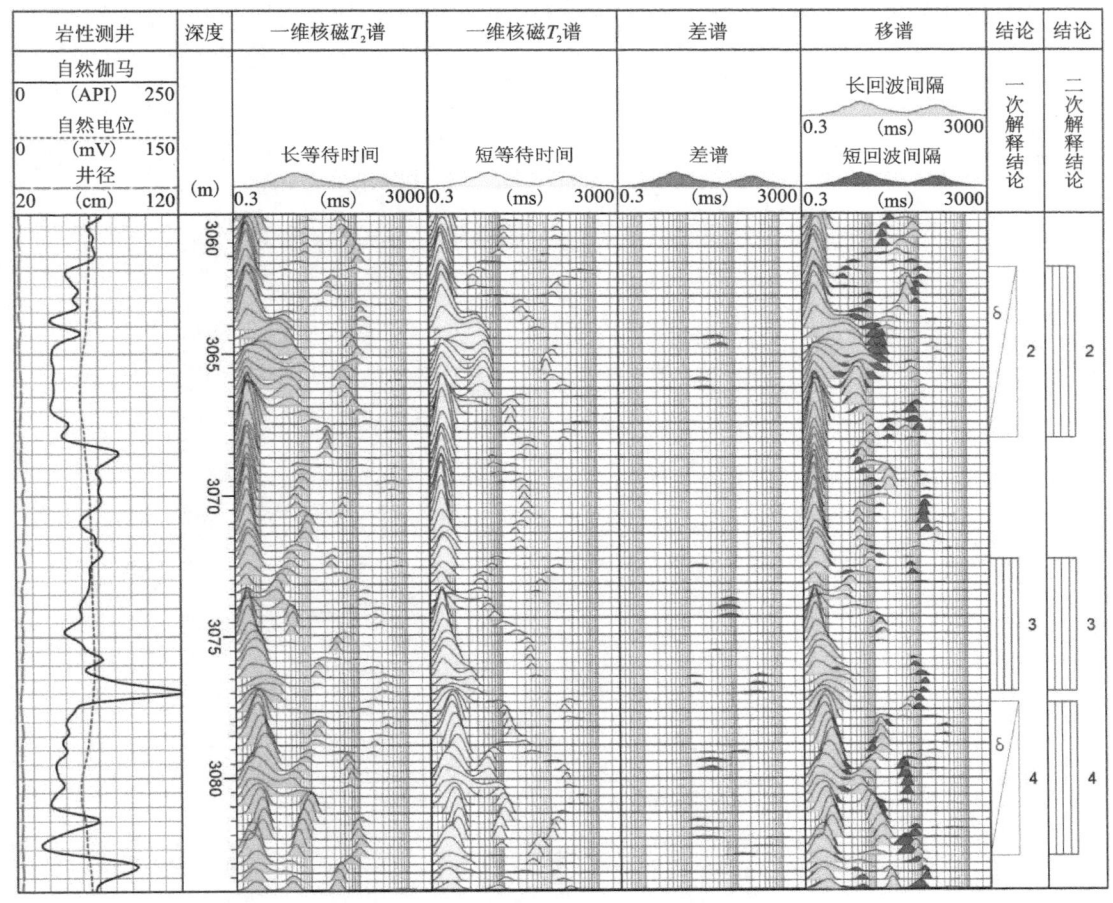

图 4.4　杭锦旗地区 JX2 井 3060～3084m 一维核磁共振流体识别图

经实际试采资料证实，该三层合采日产水 7.2m³，产气为零，属于干层特征，经后期二次总结分析，该层一次评价时受差谱信号的误导，原因是中等尺寸孔径孔隙中由于短等待时间也未能将其孔隙水完全极化,从而出现差谱信号,该差谱的信号其实是水的而非气的信号,移谱也是水的信号在前移。这就说明在评价储层时仅靠差谱和移谱是不能完全准确的定性储层流体性质的。杭锦旗地区核磁资料的解释经验表明,气层一般会存在差谱和移谱信号,但有差谱和移谱信号的不一定都是气层,很多情况下是水层或干层,而且相对于移谱,差谱识别气层效果更好。

2. 二维核磁共振流体性质识别实例

图 4.5 展示了 JX3 井二维核磁测井的例子。第 11 号层深度 3 100.4～3 102.7m,该层核磁长等待时间谱呈多峰分布且谱的横向展布较宽,主峰分布范围为 0.4～300ms,由于该层井眼略微扩径,导致在 T_2 谱中融入了部分泥浆信号从而使 5～7ms 范围内的谱受到影响,使其呈陡峭尖峰状。对于二维核磁测井来说,不仅经反演可以同时形成 T_2 和 T_1 谱,而且 T_2 和 T_1 谱可进一步分解成其各自的水谱和气谱。该层第五道 T_2 气谱和第七道 T_1 气谱较为明显,主

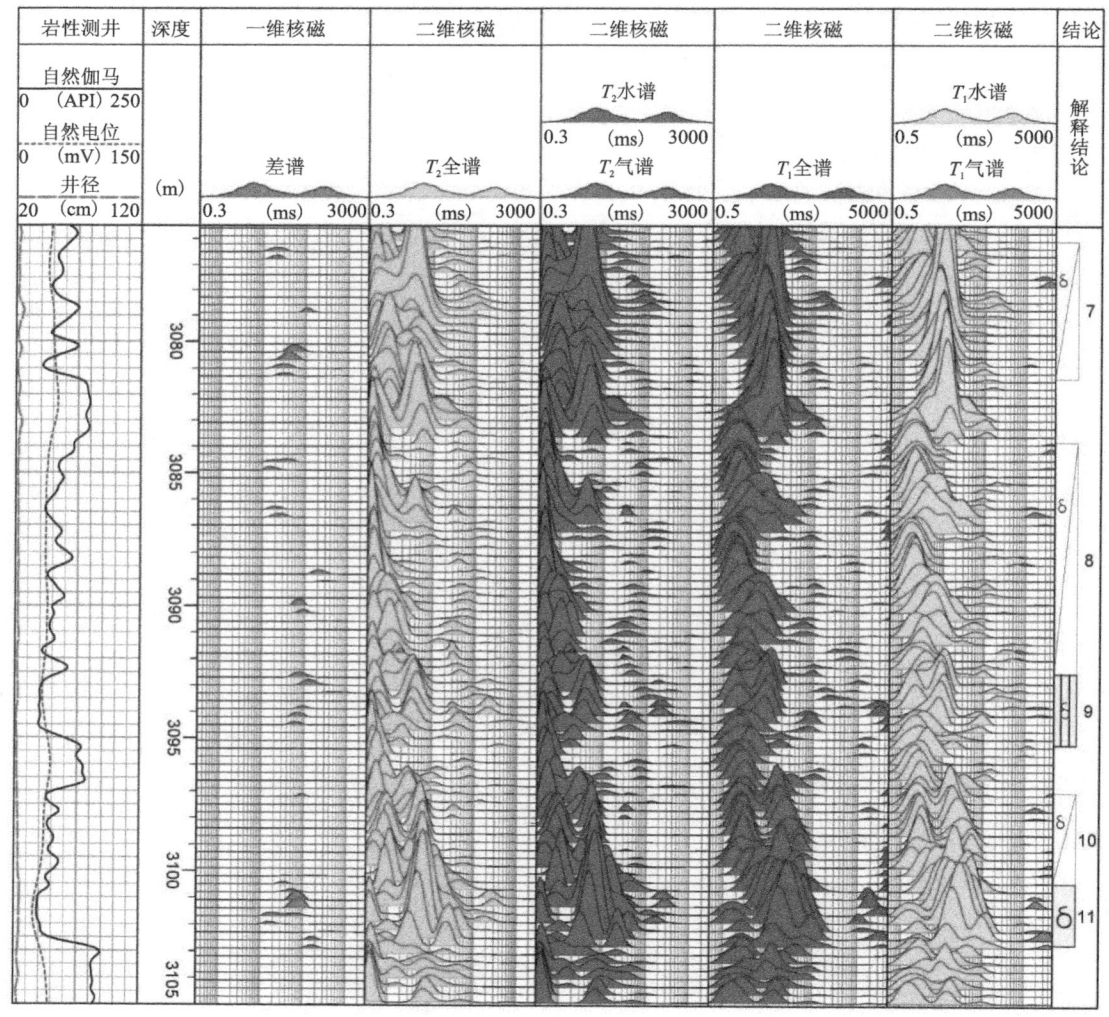

图 4.5　杭锦旗地区 JX3 井 3 075.5～3 105.0m 二维核磁共振流体识别图

峰分布范围分别为50~300ms和2000~5000ms。第三道一维测井差谱信号也比较明显。综合分析,第11号层评价为气层。第9号层深度3 092.5~3 095.2m,该层核磁长等待时间谱主要呈双峰分布,主峰分布范围为0.4~5ms,反映该层以黏土和毛管束缚孔隙体积为主,相比于第11号层其T_2和T_1气谱信号均有所减弱,T_2气谱主要分布在30~200ms,T_1气谱主要分布在2000~3000ms,差谱信号也有所减弱,主要分布在200~300ms,综合分析,第9号层评价为差气层。第7号、8号、10号层深度分别为3 076.1~3 081.4m、3 083.8~3 092.5m和3 097.0~3 100.4m,该三层均以黏土与毛管束缚水为主,其中第7号层和第10号层由于井眼扩径融入了泥浆信号从而导致T_2谱峰变宽,根据二维核磁T_2和T_1气谱信号以及一维核磁的差谱信号,三层均评价为含气层。图4.6展示了第10号含气层3 100.1m和第11号气层3 102.0m的T_2-T_1二维反演交会图,图4.6(a)毛管束缚水和可动流体信号较强,黏土和束缚水信号次之,含气区域信号较弱,反映了含气层的特征。图4.6(b)毛管束缚水和可动流体信号较强,含气区域信号较第10号层更强,反映了气层的特征。

经实际试采资料证实,该五层合采日产水4.2m³,日产气7000m³,属于低产气低产水层。证实了解释结论的正确性。由此可见,二维核磁共振测井较一维核磁共振测井在储层流体识别方面更具优势,通过二维T_2-T_1交会图能够更加直观的定性识别储层流体性质。

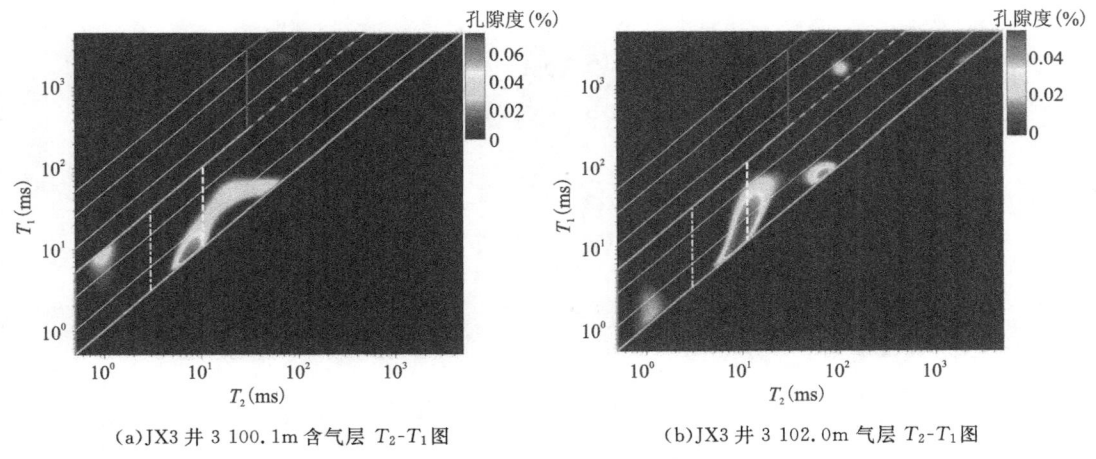

(a)JX3井3 100.1m含气层T_2-T_1图　　　　(b)JX3井3 102.0m气层T_2-T_1图

图4.6　JX3井含气层和气层二维核磁共振测井T_2-T_1流体识别图

图4.7展示了JX3井二维核磁测井含气水层的例子。第20号层深度3 176.1~3 189.7m,该层核磁长等待时间谱呈单峰集中式分布,峰分布范围为100~150ms,反映了储层具有持续而稳定的沉积能量,岩石孔径尺寸较为一致,且为大孔孔隙,主峰呈陡峭状,具有水层的谱特征。根据第三道一维核磁测井差谱显示,气具有一定的含气特征,解释为气水同层。但依据二维核磁测井显示,第五道T_2气谱和第七道T_1气谱显示有微弱的气信号,信号无论是幅度还是范围都较差谱信号小。另外根据图4.8所示的二维T_2-T_1交会图分析,图4.8(a)显示3 184.0m深度位置具有较强的可动水和较弱的气信号,图4.8(b)显示3 188.0m深度位置具有较强的可动水信号,不含有气信号。说明该层只有零星的含气特征,含气信号较弱且分布不连续,所以该层最终定性评价为含气水层。第18号、19号和21号层为煤层,由于煤层在钻井过程中易形成井眼扩径,所以在煤层处的T_2和T_1谱均显示为泥浆信号,其峰极为陡峭。

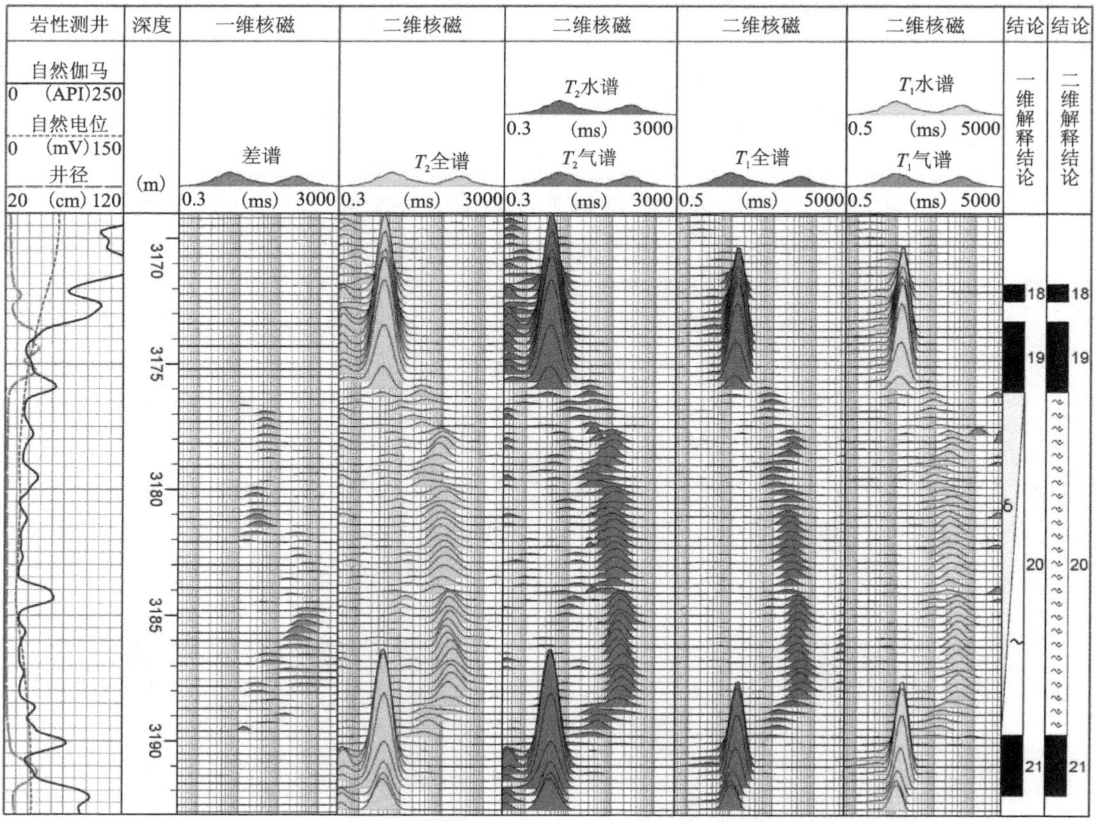

图 4.7　杭锦旗地区 JX3 井 3169～3193m 二维核磁共振测井流体识别图

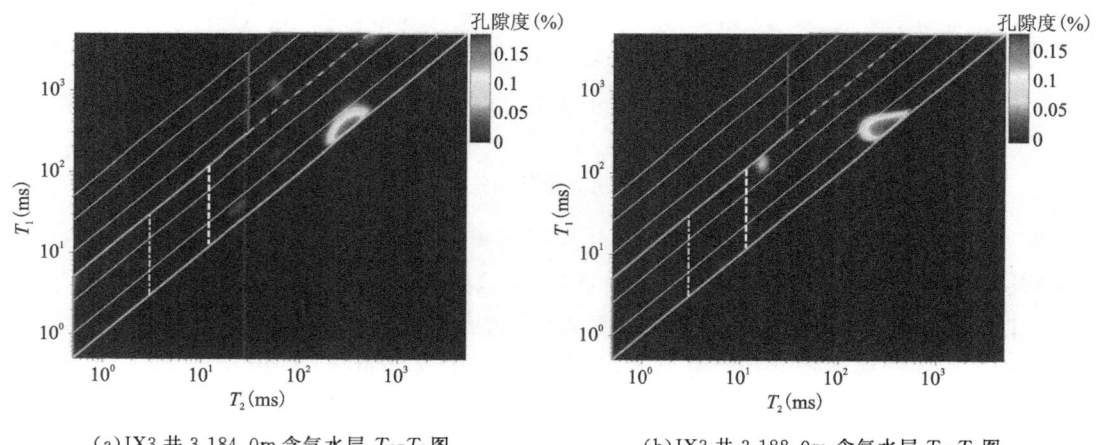

(a) JX3 井 3 184.0m 含气水层 T_2-T_1 图　　　　(b) JX3 井 3 188.0m 含气水层 T_2-T_1 图

图 4.8　JX3 井含气水层二维核磁共振测井 T_2-T_1 流体识别图

经实际试采资料证实,第 20 号层开采日产水 125m³,日产气 1.2m³,属于可动水较多的含气水层,证实了解释结论的正确性。由此可见,二维核磁共振测井较一维核磁共振测井具有更高的储层流体识别精度。目前杭锦旗气田二维核磁共振测井正处于初步应用阶段,二维核磁测量井数还不是很多,但据多层储层的流体识别率统计,储层流体性质的识别率已由原来的一维核磁测井阶段的78%上升至二维核磁阶段的91%。由此可见,二维核磁较一维核磁的识别率已大大提升,预示着二维核磁在油气田具有良好的推广和应用前景。

第三节　孔隙度计算

一、孔隙度计算理论模型

杭锦旗地区核磁共振测量各个组分孔隙度的原理见图4.9。地层总体积可设为由岩石骨架、干黏土和总孔隙度组成,为100%。其中,总孔隙度又分为黏土束缚水孔隙度和有效孔隙度,有效孔隙度又分为毛管束缚水孔隙度和可动流体孔隙度,可动流体孔隙度包含了可动水和可动油气的孔隙度。以杭锦旗地区为例,以12.7ms作为T_2截止值,它是区分毛管束缚水和可动流体的界限,同时以3ms作为区分黏土束缚水和毛管束缚水的界限。

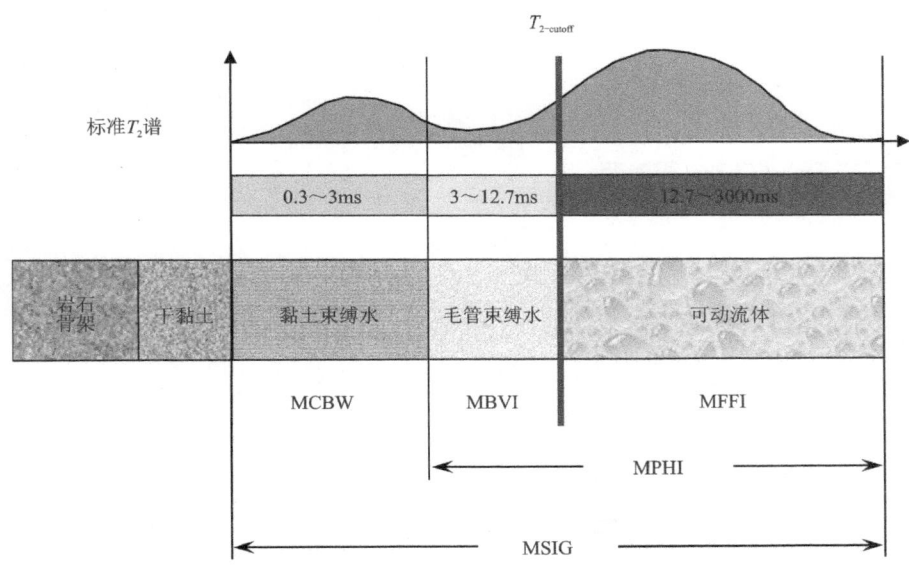

图4.9　核磁共振测井孔隙度原理图(截止值以杭锦旗地区数据为例)

需要说明的是,各种组分孔隙度的计算均以一维核磁测量的回波串经反演得到的横向弛豫时间T_2谱作为计算依据,在二维核磁出现以后,基于气井的二维核磁测量模式还得到了纵向弛豫时间T_1谱。理论上,T_1谱与上述T_2谱的孔隙度计算原理和公式相同,只要确定了T_1谱的黏土束缚水、毛管束缚水,以及毛管束缚水与可动流体的截止值,也可以计算各类组分孔隙度,且各类组分孔隙度和T_2谱计算出来的应一致。目前,杭锦旗地区基于实验分析得到的只有T_2截止值,所以本章还是以T_2谱为依据来表征各类孔隙度。

二、孔隙度计算在杭锦旗地区的应用实例

以杭锦旗地区JX3井3090～3107m核磁共振测井数据为例,JX3井对一维和二维核磁共

振均进行了采集,以便于进行孔隙度的对比分析。如图 4.10 所示,第五道和第六道分别为 T_2 和 T_1 的标准谱,第七道为二维核磁共振中 T_2 和 T_1 谱计算的总孔隙度对比,可看出二者计算结果一致。以第 10 层深度为 3 097.0~3 100.4m 的含气层和第 11 层深度为 3 100.4~3 102.7m 的气层为例,第 10 层 T_2 谱主峰主要集中在 0.4~7ms,属微孔径孔隙占优储层,总孔隙度主要由黏土束缚孔隙和毛管束缚孔隙组成,可动流体孔隙占比较小。第 11 层 T_2 谱主峰主要集中在 3~20ms,属小孔径孔隙占优储层。第九道显示总孔隙度主要由可动流体孔隙和毛管束缚孔隙组成,黏土束缚水孔隙占比较小。第八道展示了总孔隙度计算结果的对比,一维核磁计算的总孔隙度(点线)普遍略小于二维核磁计算的总孔隙度(虚线),但是由于储层含气以及井下采集过程中存在不可避免的噪声等因素影响,致使其与岩心孔隙度(圆点)相比还是偏小。第 10 层与第 11 层相比,由于含气性和物性均变差,所以计算的总孔隙度和岩心孔隙度的误差减小。

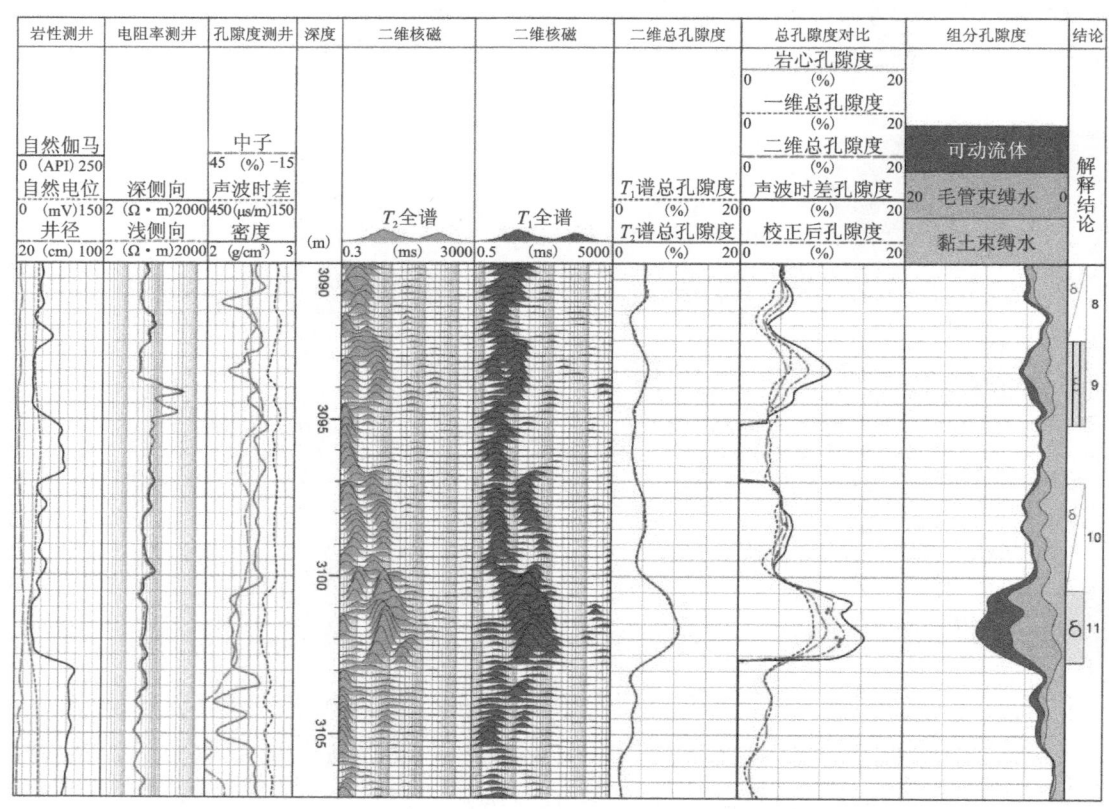

图 4.10 杭锦旗地区 JX3 井 3090~3107m 核磁共振测井孔隙度计算成果图

二维核磁测井不仅能计算出 T_1 和 T_2 谱的总孔隙度,还能计算得到气谱和水谱的孔隙度。以 JX3 井第 10 层的 3 102.1m T_1-T_2 交会图为例(图 4.11),图的上方为二维反演图谱中进行信号纵向叠加得到的 T_2 总谱,对图中红色区域内的气信号进行计算得到 T_2 气谱,其余信号则为 T_2 水谱。同理对二维反演图谱中的信号进行横向叠加可以得到 T_1 总谱、T_1 气谱和 T_1 水谱。这样二维核磁相对于一维核磁的优势就得以体现,其不仅能定性识别储层流体性质还能够对流体信号进行拆分,分别得到气和水的孔隙度,从而达到定量评价储层的目的。

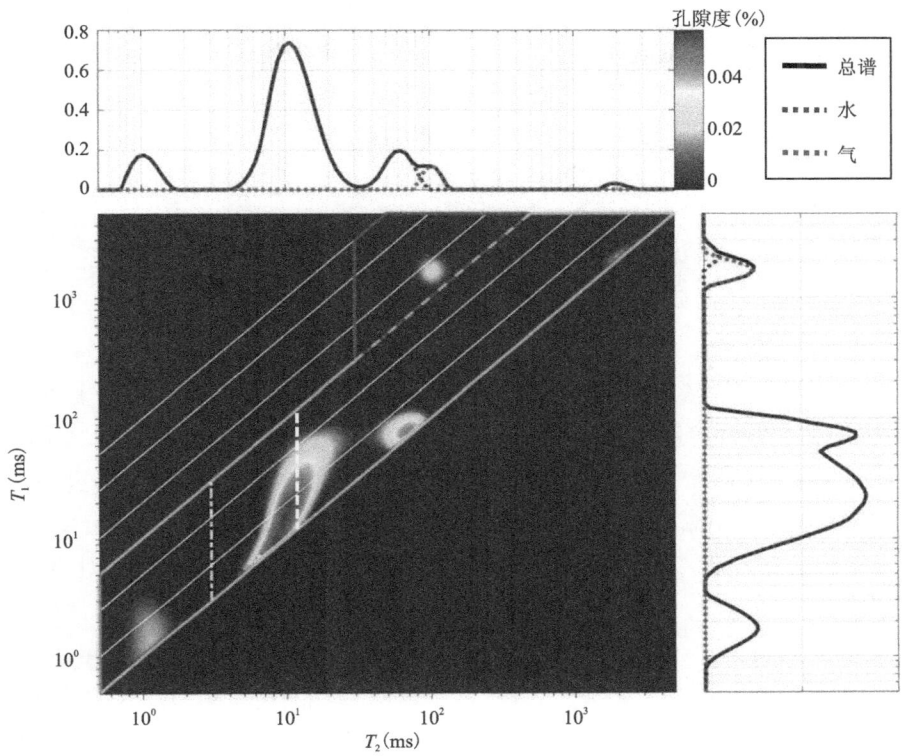

图 4.11　JX2 井 3 102.1m T_2-T_1 交会全谱图

以第 11 层二维核磁计算结果为例,各深度点的平均黏土束缚水孔隙度为 1.8%,平均毛管束缚水孔隙度为 5.2%,平均可动水孔隙度为 3.1%,平均气孔隙度为 1.2%,平均总孔隙度为 11.3%。核磁共振测井计算总孔隙度低于岩心总孔隙度,而由于含气性的影响,常规声波时差计算孔隙度又高于岩心孔隙度。一个有效而实用的校正方法是取二者的平均值,这样就可以抵消部分储层含气影响,从而提高孔隙度计算精度。如图 4.12 所示,二维核磁测井计算的总孔隙度与岩心孔隙度相比误差为 12.5%,声波时差计算的总孔隙度误差为 15.1%,而校正后的总孔隙误差为 2.8%。

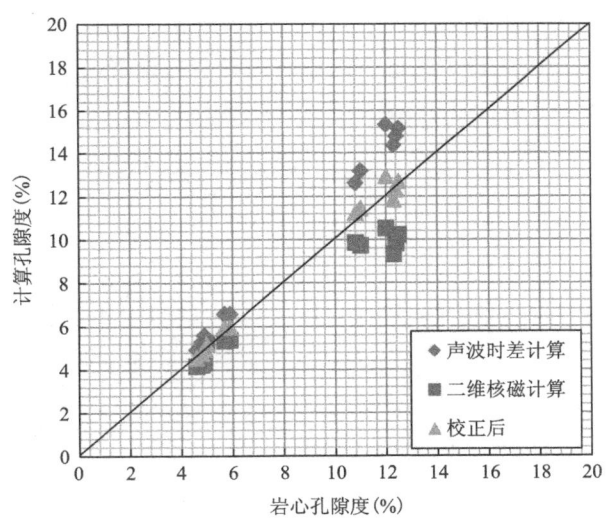

图 4.12　孔隙度计算结果对比图

对于可动水和束缚水孔隙度的校正,由于目前还没有获得与之配套的实验数据,所以没有进行对比研究,但可以推测,按二者各占总孔隙度的占比来进行校正也是一个可行的方法。还值得注意的是,由二维核磁测井求得的气和水的孔隙度的精度有多高目前还无法下定论。可以影响气、水孔隙度计算精度的因素很多,可能是采集模式、采集信号的信噪比、反演方法以及人为存在的气层划分区域的合理与否等综合因素,但即便如此,由油田测试和开发数据证明,二维核磁测井较一维核磁测井在储层流体识别以及孔隙度计算等方面的精度都已经得到大大提升。

第四节 渗透率计算

储层的渗透率不仅与孔隙度有关,而且与孔隙结构等其他因素有关。杭锦旗地区的致密砂岩储层,由于孔隙结构的影响显著增强,导致储层渗透率的计算精度降低。具有相同孔隙度和不同孔隙结构的储层渗透率往往变化很大。核磁共振测井方法是目前最有效的能够识别储层孔隙结构的测井方法。本节从核磁共振测井的经典渗透率计算模型出发,基于核磁共振和岩心经验模型相结合,建立了具有最优可变参数的致密砂岩储层渗透率计算模型。

一、基于可变参数的新核磁渗透率计算模型

致密砂岩气藏渗透率的准确计算一直是一个挑战。由于孔隙结构作用的增强,渗透率的影响因素变得更为复杂,传统的岩心样品回归分析方法估计的渗透率精度较低,核磁共振测井方法又受储层烃类的影响。为依靠核磁共振测井资料进一步提升杭锦旗地区渗透率模型的计算效率和解释精度,本节从核磁可变参数的角度出发,提出了可以针对某一具体储层设置的且可以有效量化孔隙结构差异的参数。在对岩心测量数据进行回归分析的基础上,依据核磁共振测井取得的可动和束缚流体参数,建立了具有最优因子参数的渗透率计算模型。该方法结合了岩心经验模型和孔隙结构模型在计算渗透率方面的各自优势,使渗透率精度进一步提升。下面将详细叙述模型原理及建立方法。

1. 模型原理

长久以来,油田测井资料解释工作者在计算储层渗透率时往往采用实验室岩心分析数据拟合得到的孔隙度与渗透率的关系式,即渗透率和孔隙度正相关,由孔隙度单项因素决定。这种计算方法对于中高孔渗储层来说,即简单实用又有效,是对储层渗透率的小误差的估算。但是随着油田开发的深入,大量低孔低渗非传统致密砂岩储层的出现,使这种方法计算出来的渗透率误差越来越大。

以杭锦旗地区盒三段岩心分析孔隙度和渗透率为例,如图4.13(a)所示,在致密砂岩储层岩心孔隙度与渗透率的复相关系数只有0.560 2,与传统中高孔渗储层相比,孔渗关系变得不再那么紧密。原因是由于致密砂岩储层孔隙的形状、尺寸、配位数、迂曲度等性质发生了一系列的变化,这种变化统称为孔隙结构的变化。由于孔隙结构对致密储层渗透率支配作用的增强,导致具有相同孔隙度数据点的渗透率差别增大。例如数据点 P1 和 P2,二者孔隙度相同

而渗透率不同。将拟合公式线作为孔隙结构的标准化趋势线,则对于 P1 和 P2 点来说,之所以渗透率不同是因为 P1 点的孔隙结构起了积极作用而 P2 点的孔隙结构起了消极作用。

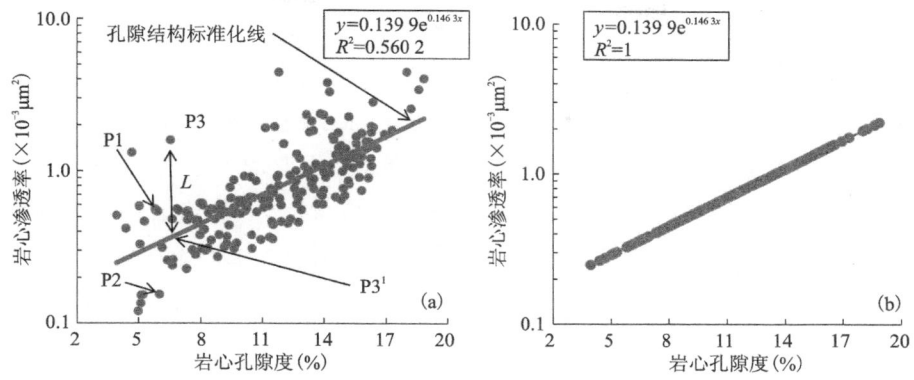

图 4.13 杭锦旗地区盒三段致密砂岩储层岩心孔渗交会图

P3 点在孔隙结构标准化线上的垂向投影为 P3¹,二者的距离用 L 表示,定义 L 为孔隙结构影响因子,则 P3 点的真实渗透率即可表示为

$$K = 0.139\,9e^{0.146\,3\phi} + L \tag{4.10}$$

图 4.13(b)为假定消除了孔隙结构差异后的结果,也就是说,如果储层在沉积条件、岩性、物性、电性、含油气性以及孔隙结构等特征都趋于一致的理想状态下,此时的渗透率才可以完全由孔隙度决定。由此可知,以图 4.13(b)为依托,只要能够准确的求得 L 值,真实的渗透率值就可以由式(4.10)精确地计算出。L 值为正则数据点处于标准化线的上方,L 值为负则数据点处于标准化线的下方。

2. L 值求解

Kozeny(1927)和 Carman(1937)提出了一个用毛细管理论计算渗透率的公式,其表述为

$$K = \frac{\phi^3}{(1-\phi)^2} \cdot \frac{1}{F_s \tau^2 s_{gv}^2} \tag{4.11}$$

式中:F_s 为形状因子;τ 为迂曲度;s_{gv} 为单位颗粒表面积。Amaefule 等(1993)将该方程进行了推导,建立了储层质量品质参数 RQI 与孔渗的关系:

$$\text{RQI} = 0.031\,4\sqrt{\frac{K}{\phi}} \tag{4.12}$$

由于烃类物质对 Timur-Coates 模型中的可动流体体积 MFFI 和总束缚流体体积 BVI 的影响强度不同,所以对于某一特定地层深度段的储层必然有适合其的地层经验系数,这说明式(4.12)中孔隙度和渗透率的地层经验系数并不是固定不变的。所以为了推导出研究区储层质量指数与 L 之间的精确关系,将式(4.12)变形为

$$\text{RQI} = \frac{K^p}{\phi^q} \tag{4.13}$$

式中:p 和 q 分别为储层渗透率和孔隙度的影响因子参数,p 和 q 都为正。对于不同孔隙结构的储层,这两个参数可以独立改变,但同一井区和同一储层只存在一套最佳的 p 值和 q 值。

因此，求解 L 值的公式可以表示为

$$\Delta \text{RQI} = \frac{K^p}{\phi^q} - \frac{K_s^p}{\phi^q} \tag{4.14}$$

$$L = f(\Delta \text{RQI}) = f\left(\frac{K^p - K_s^p}{\phi^q}\right) \tag{4.15}$$

式中：K_s 为岩心经验关系求得的渗透率，即式(4.10)未加 L 之前计算的渗透率。由于沉积环境会随着深度的改变而变化，所以不同的储层会有不同的孔隙结构。由式(4.15)可知，求解出 L 的关键是找到合适的 p 值和 q 值，RQI 代表储层质量指标，与储层孔隙结构呈正相关。核磁共振方法能有效地识别储层的孔隙结构特征，所以可将可动流体体积和束缚流体体积的比值与储层质量指数联系起来，找到一种利用核磁共振得到的参数来表征储层质量指数的方法。它们之间可以建立一个等式，表示为

$$\text{RQI} = \frac{K^p}{\phi^q} = f\left(\frac{\text{MFFI}^h}{\text{BVI}^i}\right) \tag{4.16}$$

式中：h，i 分别为 MFFI 和 BVI 的影响因子参数。与 p 值和 q 值一样，不同的储层也应有不同的 h 值和 i 值。因此，针对某一储层只要确定 h 和 i 的值，就可以最终通过核磁共振测井方法快速、有效地计算出更精确的渗透率值，从而进一步提升核磁共振渗透率解释模型的精度。

3. 求解流程

按照上述模型的求解原理和方法，本方法的实际求解过程表述如下（图4.14）。

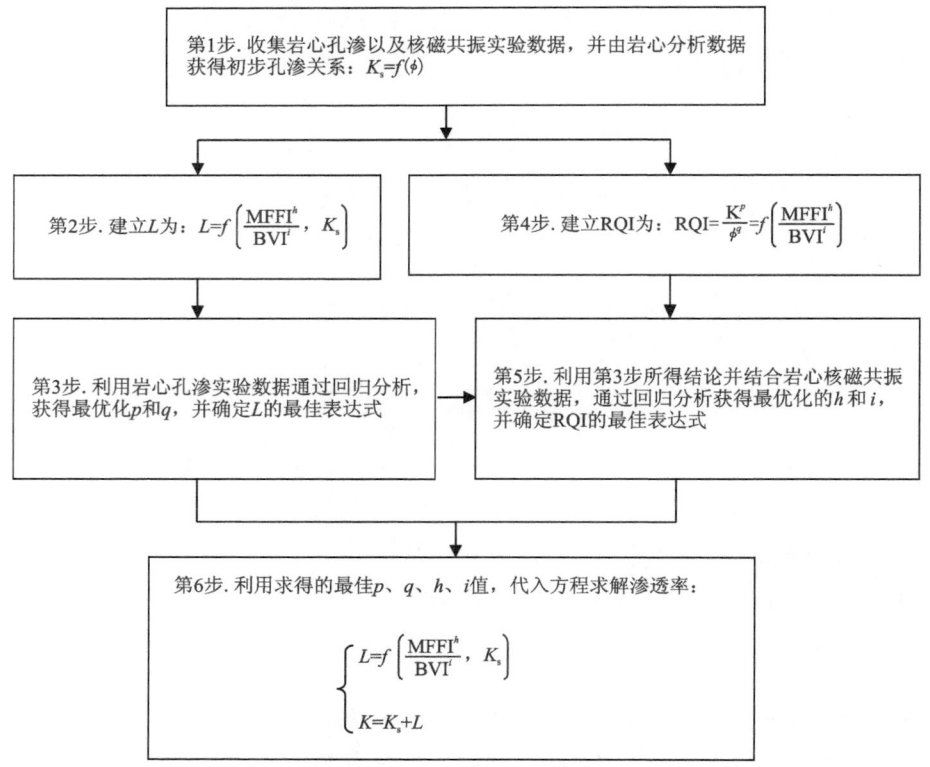

图 4.14　基于可变参数的核磁渗透率计算模型求解流程图

需要说明的是，为了消除烃对孔隙度的影响，应采用岩心实验室核磁分析数据得到的 MFFI 和 BVI 来进行分析拟合，即第 4 步中 MFFI 和 BVI 的值最好采用核磁共振岩心实验数据作为输入分析，这样才能确保渗透率的计算精度。但在实际应用过程中，如果因为成本等问题等无法取得某一储层的岩心核磁共振实验数据，也可以用核磁共振测井数据作为替代进行分析。在求得最佳的 p、q、h、i 值以及求解公式后，第 6 步中的 MFFI 和 BVI 就用核磁共振测井数据进行输入，来计算某一致密砂岩储层的连续深度下的渗透率。

二、新渗透率模型在杭锦旗地区的应用实例

以杭锦旗地区盒三段致密砂岩气储层测井和岩心分析数据为例，基于上述模型及求解流程来进行渗透率求解，以验证模型的应用效果。200 块盒三段砂岩常规孔渗岩心实验数据在图 4.13(a) 中已经展示出，21 块盒三段砂岩岩心核磁共振实验数据见表 4.6。其中，ϕ-helium 和 K-helium 分别为氦孔隙度和氦渗透率，ϕ-NMR 为核磁孔隙度，S_{wi} 为束缚水饱和度，$T_{2\text{-cutoff}}$ 为 T_2 截止值，ϕ-MFFI 和 ϕ-BVI 分别为可动孔隙度和束缚孔隙度。图 4.15 为 1 号核磁岩心样本饱和水和离心后的 T_2 谱形态，亮色部分的体积代表可动孔隙度，暗色部分代表束缚孔隙度。

表 4.6 岩心核磁共振实验数据

岩心编号	ϕ-helium (%)	K-helium ($\times 10^{-3} \mu m^2$)	ϕ-NMR (%)	S_{wi} (%)	$T_{2\text{-cutoff}}$ (ms)	ϕ-MFFI (%)	ϕ-BVI (%)
1	10.8	0.620	10.6	49.1	14.28	5.5	5.3
2	15.1	1.819	14.6	34.4	14.60	9.9	5.2
3	13.4	2.080	13.2	31.9	18.51	9.1	4.3
4	14.1	1.423	13.9	36.6	13.34	8.9	5.2
5	13.9	1.054	13.4	32.2	9.66	9.4	4.5
6	13.7	1.269	13.5	29.0	11.03	9.7	4.0
7	15.4	4.625	14.7	22.8	9.50	11.9	3.5
8	11.7	4.195	11.4	26.9	11.68	8.5	3.2
9	8.4	0.195	8.2	41.5	14.22	4.9	3.5
10	10.3	0.992	10.1	28.7	7.05	7.3	3.0
11	7.2	0.522	7.1	46.0	13.08	3.9	3.3
12	11.9	0.606	11.5	29.7	15.25	8.3	3.6
13	8.6	0.306	8.2	34.8	6.10	5.6	3.0

续表 4.6

岩心编号	ϕ-helium (%)	K-helium ($\times 10^{-3} \mu m^2$)	ϕ-NMR (%)	S_{wi} (%)	$T_{2\text{-cutoff}}$ (ms)	ϕ-MFFI (%)	ϕ-BVI (%)
14	11.1	0.565	10.9	38.2	8.77	6.9	4.2
15	3.3	0.161	3.5	47.8	7.27	1.7	1.6
16	9.8	2.656	9.6	19.2	22.92	7.9	1.9
17	7.8	1.600	7.8	20.7	14.48	6.2	1.6
18	7.5	0.206	7.0	35.0	15.04	4.9	2.6
19	15.3	10.879	14.5	6.4	22.59	14.3	1.0
20	13.8	8.250	13.5	7.1	19.75	12.8	1.0
21	10.4	7.350	9.7	10.0	16.38	9.4	1.0

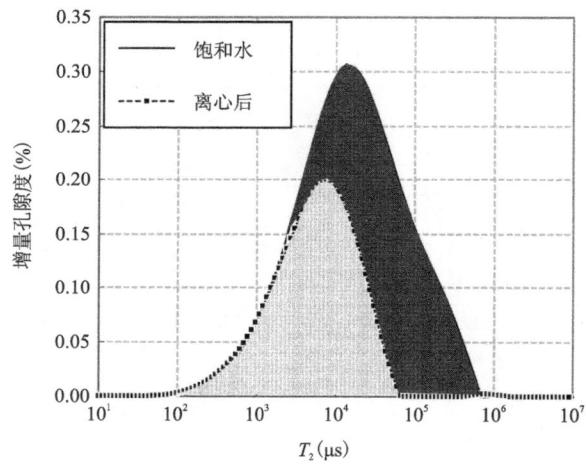

图 4.15 核磁共振岩心实验区分可动和束缚孔隙度示意图(1 号样本)

首先,利用 200 块岩心常规孔渗数据计算出 L 值,且将岩心孔隙度和渗透率一起代入式 (4.15)拟合分析出最佳的 p、q。拟合分析过程见图 4.16。

由图 4.16 可知,当 p 为 1.02,q 为 0.03 时,L 值和 ΔRQI 值拟合相关系数为 1,达到了无损转换。此时即确立了盒三段致密砂岩储层 p 和 q 的最佳值分别为 1.02 和 0.03,图 4.16 中拟合方程相关系数最高的情况如图 4.17 所示,为多项式方程,表达式为

$$L = -0.005\,5 \left(\frac{K^{1.02} - K_s^{1.02}}{\phi^{0.03}} \right)^2 + 1.057\,2 \left(\frac{K^{1.02} - K_s^{1.02}}{\phi^{0.03}} \right) - 0.000\,7 \quad (R^2 = 1)$$

(4.17)

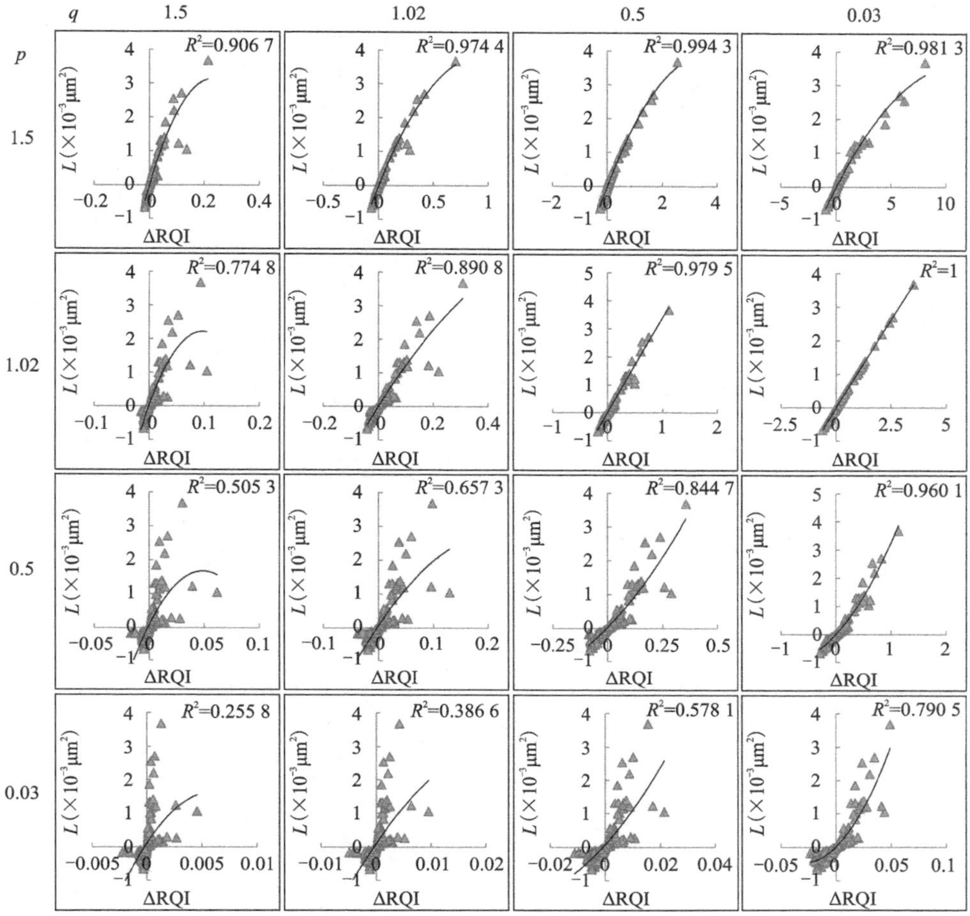

图 4.16　L 和 ΔRQI 拟合寻求最佳 p、q 值及方程过程

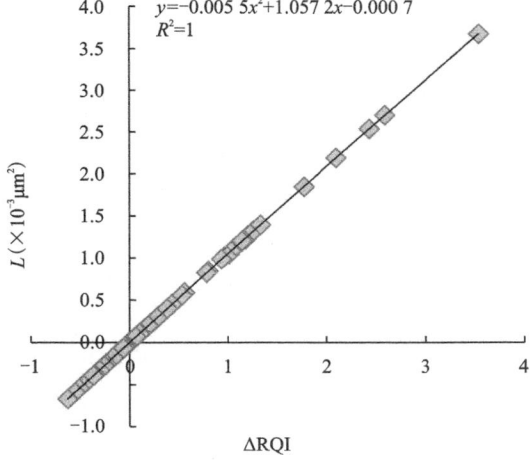

图 4.17　当 p 为 1.02，q 为 0.03 时最高相关系数拟合

此时,保持 p 为 1.02,q 为 0.03 不变,将 21 块核磁岩心分析得到的 MFFI 和 BVI 数据作为输入,依据式(4.16)拟合求解最佳 h、i 值和 RQI 的计算方程,拟合分析过程见图 4.18。可见当 h 为 1.82,i 为 0.9 时,方程复相关系数最高,达到了 0.923 6,图 4.19 为其多项式方程,即此时的多项式方程表达式为

$$\mathrm{RQI} = \frac{K^{1.02}}{\phi^{0.03}} = -0.000\,6 \left(\frac{\mathrm{MFFI}^{1.82}}{\mathrm{BVI}^{0.9}}\right)^2 + 0.162\,9 \left(\frac{\mathrm{MFFI}^{1.82}}{\mathrm{BVI}^{0.9}}\right) - 0.632 \quad (R^2 = 0.923\,6) \tag{4.18}$$

应当说明,和 L 值有所不同的是 RQI 值应大于零,而式(4.18)是一个多项式方程,其计算的结果可能会产生负数,因此,当 RQI 出现负值时,可以由其他形式的回归方程代替,增加的其他形式的回归分析方程见表 4.7。

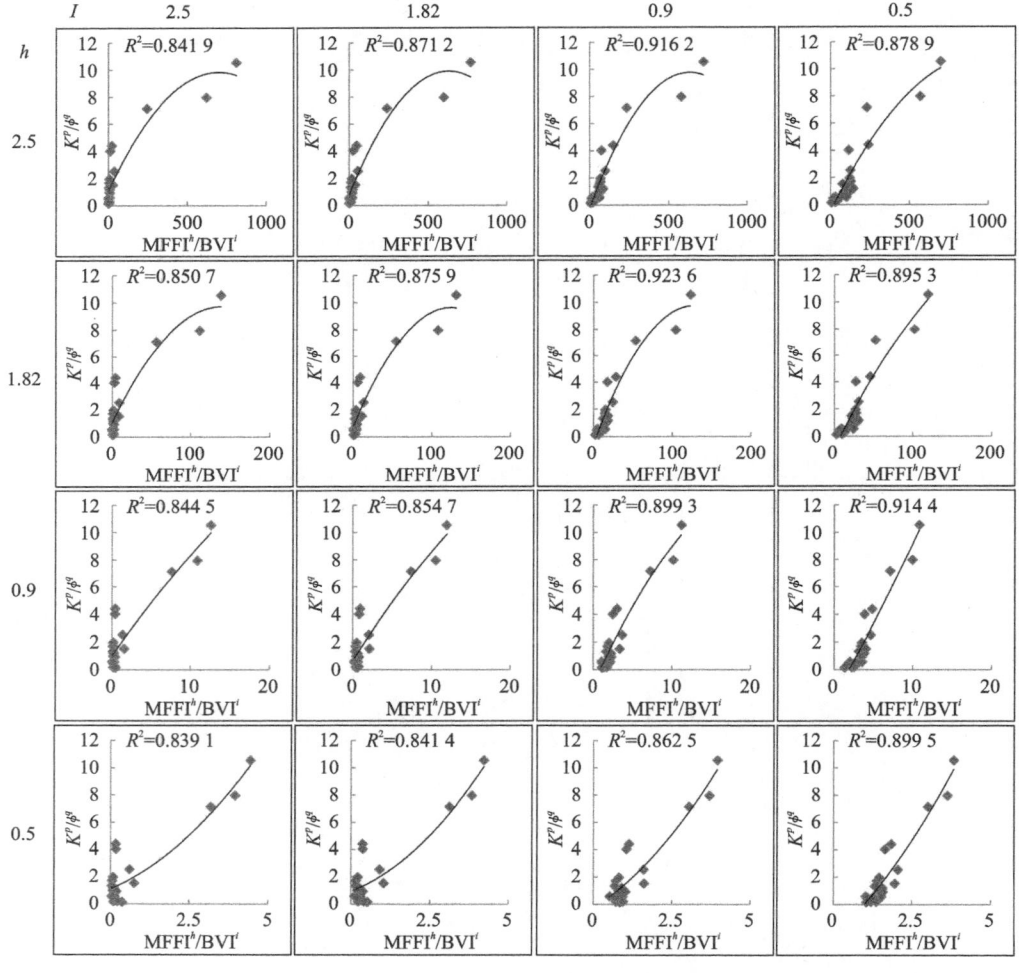

图 4.18 寻求最佳 h、i 值及方程过程

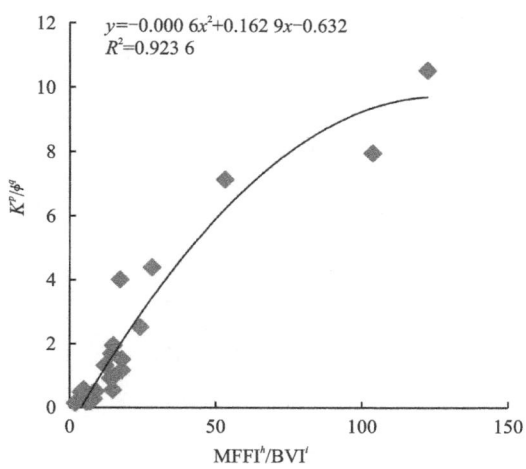

图 4.19　当 h 为 1.82，i 为 0.9 时，最高相关系数拟合

表 4.7　RQI 求解的不同类型方程式

方程类型	方程式	a	b	R^2
多项式	$y=-0.000\,6x^2+0.162\,9x-0.632$	1.82	0.90	0.923 6
线性	$y=7.079\,8x-8.778\,1$	0.35	0.26	0.887 4
对数	$y=18.464\ln(x)-1.391\,7$	0.20	0.19	0.844 0
幂函数	$y=0.039\,7x^{1.280\,3}$	1.70	0.70	0.816 9
指数	$y=0.066\,6e^{0.529\,8x}$	0.90	0.16	0.801 9

此时，为了避免负数，可以选择幂函数方程作为式(4.18)的补充计算方法，可表示为

$$\mathrm{RQI}=\frac{K^{1.02}}{\phi^{0.03}}=0.039\,7\left(\frac{\mathrm{MFFI}^{1.7}}{\mathrm{BVI}^{0.7}}\right)^{1.280\,3}\quad(R^2=0.816\,9) \quad (4.19)$$

JX1 井是杭锦旗地区的一口致密砂岩气井(图 4.20)，其岩心数据没有进行回归分析，所以可以用来验证计算渗透率方法的有效性。深度为 3 045.0～3 057.4 m 处是一个致密的砂岩气层。从图 4.20 第十道可以看出，新渗透率模型计算的渗透率，其与岩心分析值最接近，经过统计分析，岩心经验公式计算的渗透率与岩心点渗透率的相关系数只有 0.41，核磁计算渗透率与岩心点渗透率的相关系数为 0.88，而新渗透率模型计算的渗透率相关系数达到了 0.94。这证实了经过 L 值校正过的渗透率，计算精度得到有效提升。在储层上部 3045～3051m 处，黑色岩心经验公式计算的渗透率值大于储层的中下部 3 051.0～3 057.4 m 处，这是因为其上部总孔隙度大于下部总孔隙度，岩心经验公式计算的渗透率随总孔隙度的变化单调增加或减小所致，而对比岩心分析数据点，该套储层的渗透率是上部低下部高。核磁共振测井计算的渗透率值虽然符合这一规律，但总体渗透率值低于这些岩心样品，这是因为，一方面核磁共振测井有着很强的孔隙结构识别能力，储层上部束缚流体孔隙体积高而下部可动流

体孔隙体积高,即使上部总孔隙度大,但渗透率依然小于储层下部。另一方面归因于测井噪声以及储层含气性等综合因素的影响,使其渗透率值整体较低。

值得注意的是,在 RQI 计算公式和最佳参数都确定了的情况下,即使不通过计算 L 值,也可以由式(4.31)或式(4.32)直接计算出渗透率值,理论上,当储层不含烃时,新渗透率模型和式(4.31)这两种方法计算的渗透率值应基本相同。但当储层含烃时,式(4.18)或式(4.19)计算渗透率的精度会降低,因为核磁共振测井会受含烃影响,且这种影响程度还无法准确预估。例如第十道 RQI 方程计算得到的渗透率,在低值处和岩心分析渗透率还有一定差距。新渗透率模型由两部分组成,一是岩心样品的经验关系,二是基于孔隙结构因子的修正。因此,新渗透率模型可以在一定程度上抵消一部分由储层含烃而引起的误差。

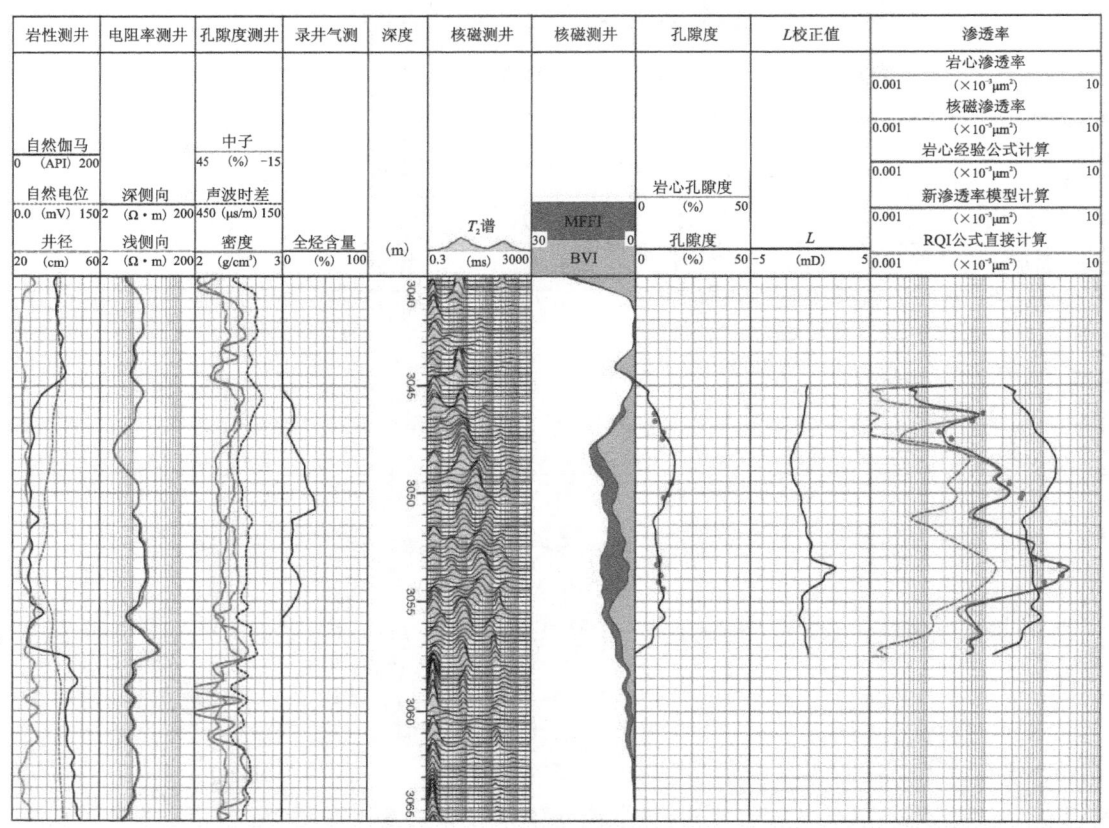

图 4.20 JX1 井盒三段致密砂岩储层渗透率计算对比图

本书所示渗透率的精确计算方法适用于具有岩心物性分析数据和核磁共振测井数据的气井勘探开发区,如果核磁共振数据足够多,也可以全部都基于核磁共振数据来进行拟合回归分析。由于杭锦旗储层横向展布变化大,所以该方法应用于同一井区相同储层效果最好,不同的井区应具体分析其可变的 p、q、h、i 值。新渗透率模型只适用于储层基质渗透率的计算,在不同粒度的页岩、碳酸盐岩和砂岩等裂缝性地层中,由于裂缝改变了流体的流动特性,所以本书的方法不再适用。由于杭锦旗地区储层主要为基质孔隙性储层,所以,在此本书没有针对裂缝性储层进行探讨。

第五节 孔隙结构评价

核磁共振测井能够实现孔隙度、渗透率等储层参数的精确识别,但核磁共振测井的优势还是对孔隙结构的识别,这是其他测井方法所无法比拟的。低孔低渗致密砂岩储层的孔隙结构复杂,致使其在渗透率控制上的作用进一步凸显,致使对孔隙结构的评价变得非常重要。本节基于杭锦旗地区致密砂岩的储层特征,设立用 T_2 弛豫谱转换毛管压力曲线的方法识别孔隙结构,首先利用泥浆驱替流体法实现横向系数的转换,接着利用孔径十组分方法建立了纵向转换系数,最后将 T_2 弛豫谱转换为毛管压力曲线,进而对孔隙结构进行识别。另外也分析了利用核磁孔径十组分方法直接进行孔隙结构分析的方法。

一、孔隙结构评价模型

杭锦旗地区致密砂岩气储层具有较多的束缚水饱和度,束缚孔隙体积占有一定的比重,所以为了精确实现对孔隙结构的识别,本节受邵维志等(2009a)提出的利用纵横向转换系数构建毛管压力曲线方法启发,首先利用基于泥浆驱替自由流体饱和度的原理和岩心压汞数据,利用最优化求解,得到毛管压力 p_c 与 T_2 谱之间的横向转换系数 C(图 4.21),这也可称为大孔径标定系数,然后在核磁共振实验得到的反向累加谱和对应岩心压汞实验得到的毛管压力曲线二者之间建立关联,得到小孔和中孔的纵向转换系数 E,用公式表示为

$$C = p_c \cdot T_2 \tag{4.20}$$

$$E = f(S_{Hgi}, A_{mi}) \tag{4.21}$$

式中:S_{Hgi} 为岩心压汞实验的进汞饱和度增量;A_{mi} 为中孔和小孔对应的核磁共振反向累加谱的增量。当这些参数都求解后,就可以利用这些转换系数进行伪毛管压力的构建,进而对杭锦旗致密气储层孔隙结构进行有效识别。技术路线流程见图 4.22。

二、基于泥浆驱替流体的横向系数转换

章新文等(2019)提出了利用钻井井眼内泥浆侵入特征近似等效为岩心压汞的设想,并基于阿尔奇公式建立了最大进汞饱和度方程,将该方程与实验室岩心压汞数据相结合,得到了最佳的伪毛管压力转换系数,其基本原理如下。

在钻井过程中,泥浆柱的设计压力是大于地层压力的,由此地层从井壁开始往地层方向的横向延伸上会划分为冲洗带、过渡带及原状地层,则在冲洗带被泥浆驱替的自由流体饱和度可表示为

$$S = S_{xo} - S_w \tag{4.22}$$

式中:S_{xo} 为冲洗带的含水饱和度;S_w 为原状地层含水饱和度。

设 p 为泥浆柱压力,则 S 会随着 p 和地层孔隙结构的改变而改变,用公式可表示为

$$S = f(p, r_i) \tag{4.23}$$

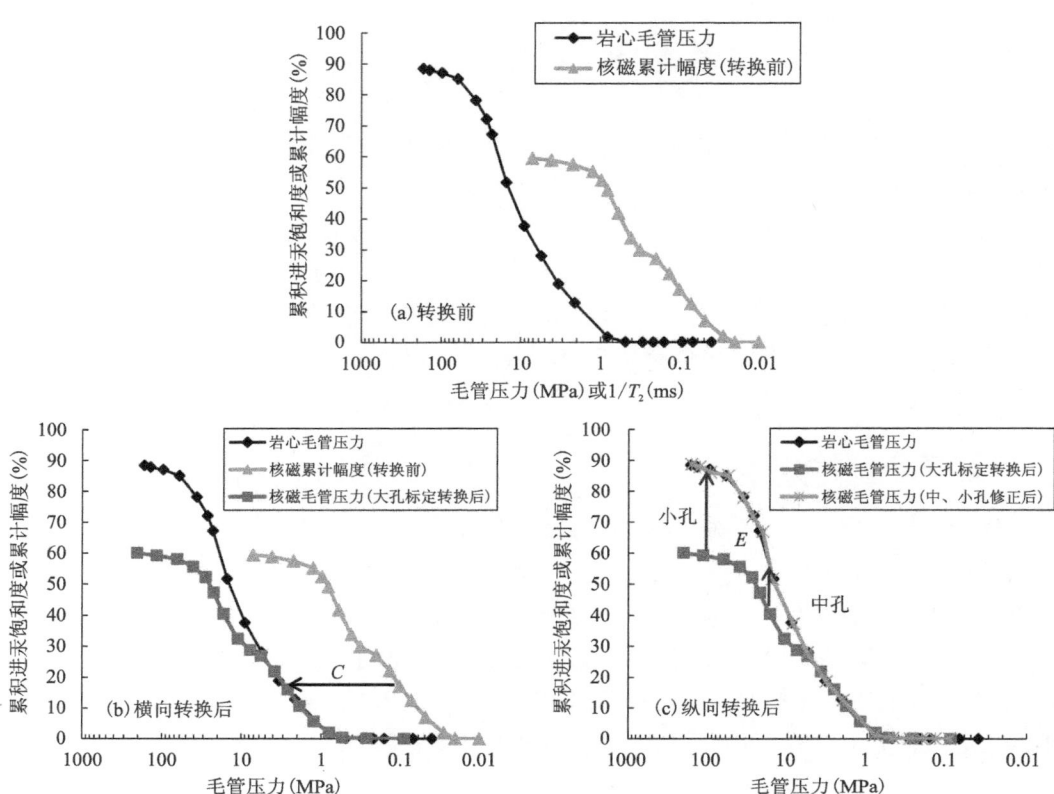

图 4.21 构建毛管压力曲线示意图

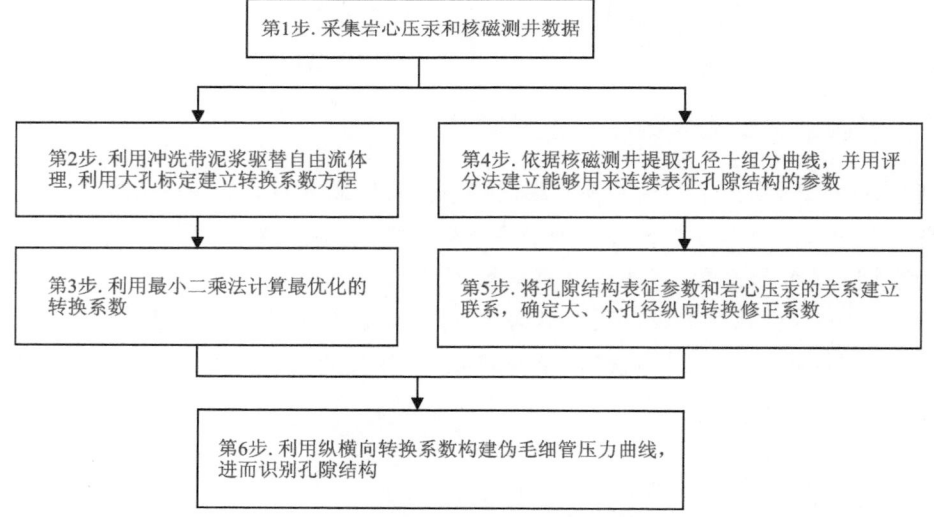

图 4.22 孔隙结构识别技术路线图

式中：r_i 为岩石不同的孔径组分。理论上，当 p 逐渐增大，S 的增幅会较小并接近于 0，表示为

$$\frac{\partial S}{\partial p} \geqslant 0 \tag{4.24}$$

考虑泥质含量的影响，将泥浆压力与进汞压力相联系，最大进汞饱和度与压力 p 以及 S 呈正相关而与泥质含量呈负相关，用公式表示为

$$\begin{cases} \dfrac{\partial S_{\text{Hgmax}}}{\partial p} > 0 \\ \dfrac{\partial S_{\text{Hgmax}}}{\partial S} \geqslant 0 \\ \dfrac{\partial S_{\text{Hgmax}}}{\partial V_{\text{sh}}} < 0 \end{cases} \tag{4.25}$$

式中：S_{Hgmax} 为最大进汞饱和度；V_{sh} 为泥质含量。当最大进汞饱和度为定值时，其可建立与 S 和 V_{sh} 的关系式，表示为

$$S_{\text{Hgmax}} = C_1 \frac{S}{C_2 + C_3 V_{\text{sh}}} \tag{4.26}$$

式中：C_1、C_2、C_3 为大于 0 的待定系数。将式（4.20）代入式（4.23），并使用阿尔奇公式计算，可得

$$S_{\text{Hgmax}} = C_1 \frac{S_{\text{xo}} - S_{\text{w}}}{C_2 + C_3 V_{\text{sh}}} = \frac{C_1 a b \phi^{-m} \left(\sqrt[n]{\dfrac{R_{\text{mf}}}{R_{\text{xo}}}} - \sqrt[n]{\dfrac{R_{\text{w}}}{R_{\text{t}}}} \right)}{C_2 + C_3 V_{\text{sh}}} \tag{4.27}$$

式中：a、b 为与岩性有关的参数；m、n 分别为岩性胶结指数和饱和度指数，四者均是阿尔奇公式参数；R_{mf}、R_{xo}、R_{w}、R_{t} 分别为泥浆滤液电阻率、冲洗带电阻率、地层水电阻率、原状地层电阻率。将 S_{Hgmax} 与实验室进汞饱和度 S_{Hgi} 相关联，且加入限制条件：

$$\left| \int_{p_{\min}}^{p_{\max}} [S_{\text{Hgmax}}(p) - S_{\text{Hgi}}(p)] \mathrm{d}p \right| = 0 \tag{4.28}$$

则采用非负约束的最优化方法即可求得最佳转换系数 C 及其他相关系数。

基于上述原理，结合杭锦旗地区的储层特征，可以将上述模型进一步更新和优化，以适应致密砂岩储层的特征。经过岩心压汞数据和核磁测井数据分析，由于杭锦旗的束缚流体占有一定比例，这会导致大孔径部分 T_2 谱与压汞喉道半径分布对应性较好，而小孔径部分对应性较差，原因是由于岩心压汞测量到的只是连通孔隙的体积，而核磁共振测量到的是包括非连通孔隙在内的所有孔隙的体积。如图 4.23(b) 和 4.24(a) 所示，可动孔隙内壁以及胶结物内壁的薄膜束缚水信号会累加到 T_2 值较小的部分，这会导致核磁测井的小孔径部分包络面积大于岩心压汞数的小孔径部分包络面积。何雨丹等（2005）、邵维志等（2009b）也分别利用其他地区的核磁和压汞资料阐述了这一现象。

如图 4.24(b) 所示，在 T_2 截止值左边的束缚流体部分，核磁共振 T_2 谱与岩心压汞孔径分布曲线相比，由于薄膜束缚水的影响其包络面积和形态均发生了变化，而右边可动流体部分由于影响较小则对应性较好，这说明可以利用大孔径部分的形态较为一致的部分进行 T_2 谱与毛管压力之间横向转换系数的确定，用包括小孔径在内的全部谱形态对比反而不准确。在利用泥浆柱与地层的压力差形成的冲洗带中，首先被泥浆驱替的是大孔径的可动孔隙流体，

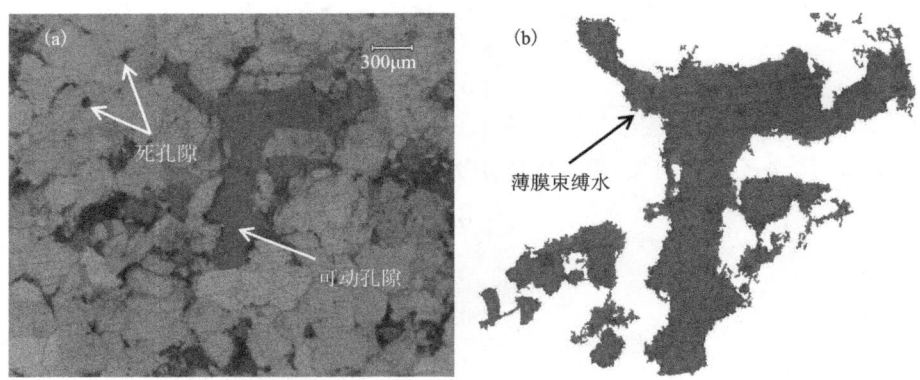

图 4.23　杭锦旗地区南部某致密砂岩气田岩心薄片(a)及图像提取分析图(b)

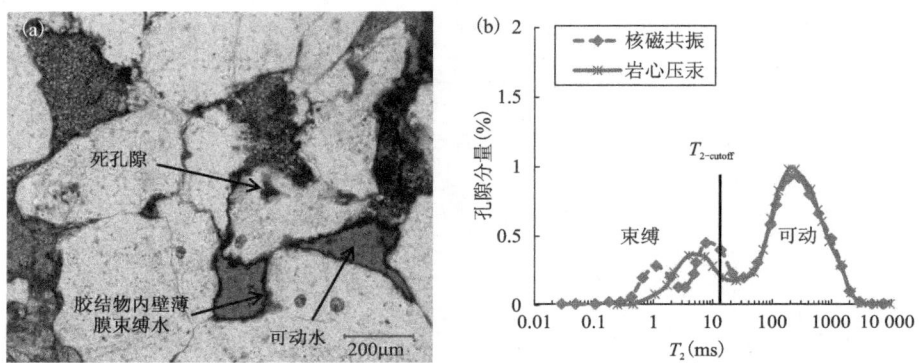

图 4.24　JG 井盒一段岩屑石英砂岩铸体薄片(a)及死孔隙和薄膜水对 T_2 谱的影响示意图(b)

中小孔径的被驱替流体体积要取决于压力差的大小,与压力差正相关,这和压汞驱替实验的原理是一致的。在实际钻井的过程中,由于钻井所用的泥浆密度基本为一定值保持不变,则某一深度下的压力差也为定值,可以通过式(4.29)计算出来:

$$\Delta p = (\rho_{泥浆} - \rho_{地层水})gH \cdot 10^{-3} \tag{4.29}$$

式中:ρ 为密度;g 为重力加速度;H 为地层垂直深度。由于阿尔奇公式对于含水饱和度的求取通常要求储层的泥质含量很低,才能保证其计算精度,而印度尼西亚模型对于含水饱和度的求取具有泥质校正作用(彭真,2017),其表达式为

$$S_w = \sqrt[n]{\dfrac{b}{R_t \left(\dfrac{V_{sh}^q}{\sqrt{R_{sh}}} + \dfrac{\phi^{0.5m}}{\sqrt{aR_w}} \right)^2}} \tag{4.30}$$

式中:$q=1-V_{sh}/2$;R_{sh} 为泥岩电阻率。杭锦旗地区储层孔隙结构较为复杂、黏土附加导电作用较强,将式(4.27)进一步优化,用印度尼西亚模型代入并变换得到

$$S_{Hg\Delta p} = k \dfrac{\sqrt[n]{\dfrac{b}{R_{xo} \left(\dfrac{V_{sh}^q}{\sqrt{R_{sh}}} + \dfrac{\phi^{0.5m}}{\sqrt{aR_{mf}}} \right)^2}} - \sqrt[n]{\dfrac{b}{R_t \left(\dfrac{V_{sh}^q}{\sqrt{R_{sh}}} + \dfrac{\phi^{0.5m}}{\sqrt{aR_w}} \right)^2}}}{V_{sh}} \tag{4.31}$$

式中：a、b、m、n 都为经验值；泥浆滤液电阻率 R_{mf}、地层水电阻率 R_w、泥岩电阻率 R_{sh} 都可以由测井得到；泥质含量 V_{sh} 可以由自然伽马计算得到；k 为系数。式(4.31)与岩心压汞数据相对应，建立限制条件：

$$\left|\int_{P_{\min}}^{P_{\max}}[S_{Hgp}(\Delta p)-S_{Hgi}(p)]\mathrm{d}p\right|=0 \qquad (4.32)$$

式中：$S_{Hgp}(\Delta p)$ 是在储层位置由于压差而导致的泥浆驱替冲洗带自由流体的体积；$S_{Hgi}(p)$ 是岩心压汞实验对应的进汞体积。将式(4.31)和式(4.32)联立，建立多方程组，建立方程组的数量和岩心的数量一致。利用最小二乘法即可求解得到以大孔径为主进行刻度的最优化横向转换系数 C。

三、基于十组分孔径分级的孔隙结构评价法及纵向系数转换

Liu 等(2007)提出了三孔隙度组分百分比法来进行储层孔隙结构的评价，如表 4.8 所示，该方法的原理是利用核磁共振测井得到的 T_2 谱，从中提取 1～10ms、10～100ms、100～1000ms 三种范围内的孔隙组分百分数，分别用 S_1、S_2、S_3 表示，并建立孔隙结构评价参数 PORCLA，当 S_3 同时大于 S_1 和 S_2 时，为Ⅰ类孔隙结构，PORCLA 赋值 1000；当 S_2 同时大于 S_1 和 S_3，且 S_3 大于 S_1 时，为Ⅱ类孔隙结构，PORCLA 赋值 100；当 S_2 同时大于 S_1 和 S_3，且 S_1 大于 S_3 时，为Ⅲ类孔隙结构，PORCLA 赋值 10；当 S_1 同时大于 S_2 和 S_3，为Ⅳ类孔隙结构，PORCLA 赋值 1，据此可以定量化的评价储层孔隙结构的优劣。肖亮(2008)对此方法进行了讨论，认为其有一定的适用范围，在不含烃类的含水储层，以及孔隙结构较差或较好的储层比较适用，但在孔隙结构中等的储层尤其是在油层，由于烃的存在会导致 T_2 谱的拖后，使评价结果夸大。

表 4.8　三孔隙度组分法百分比法示意表

储层分类	S_1(1～10ms)	S_2(10～100ms)	S_3(100～1000ms)	PORCLA
Ⅰ	小或中	中或小	大	1000
Ⅱ	小	大	中	100
Ⅲ	中	大	小	10
Ⅳ	大	小或中	中或小	1

本节针对上述存在的问题并结合杭锦旗致密砂岩气层的特征，提出一种基于孔径十组分按量评分的方法，理论依据也是控制储层孔隙结构优劣的关键因素在于不同尺寸孔隙组分的配比关系，即大尺寸孔隙组分占比越多，则储层孔隙结构越好，小尺寸孔隙组分占比越多，则储层孔隙结构越差。首先，将二维核磁测得的剔除了天然气 T_2 谱影响的标准 T_2 谱作为理想状态下储层饱含水时的 T_2 谱，其次将标准 T_2 谱按等比数列分成十组分，即 4ms、8ms、16ms、32ms、64ms、128ms、256ms、512ms、1024ms、2048ms，并计算其每个孔径组分的含量，最后利用评分算法建立可以精确定量化的孔隙结构评价参数 P。利用 P 值可以和上述三孔隙度组分百分比法一样，依据研究区建立的Ⅰ、Ⅱ、Ⅲ类储层的孔隙尺寸界限，可以直接确定储层孔

隙结构的类别,对连续深度下储层孔隙结构的相对优劣进行精细评价。也可以进而利用参数 P 建立中、小孔隙的纵向转换系数,通过构建毛管压力曲线来进行孔隙结构的识别。

分级法的设计思路及评分方法见表 4.9,以杭锦旗地区盒三段一个总孔隙度为 8.3% 的储层为例,在其储层深度点上,首先将 T_2 谱提取的十种孔隙尺寸组分分为 0~9 九个级别。即 $P1$ 最差,对应为 0 级,$P10$ 最好,对应为 9 级。将十种孔隙组分按照各自孔隙度值的大小从大至小的顺序排序。可以采用冒泡算法使用计算机编程实现,排序后按照其各自对应的级别评分,为了避免数据冗余只取其评分值的前 5 位,并将其转化为百分制。这样可以在地层深度下进行逐深度点评分,从而获得能够反映其孔隙结构相对优劣的参数 P 值。

表 4.9 分级评分核心算法示意表

\multicolumn{10}{c}{排序前}									
4ms	8ms	16ms	32ms	64ms	128ms	256ms	512ms	1024ms	2048ms
$P1$	$P2$	$P3$	$P4$	$P5$	$P6$	$P7$	$P8$	$P9$	$P10$
0.67	0	0.24	3.19	2.43	1.05	0.39	0.02	0	0.28
0 级	1 级	2 级	3 级	4 级	5 级	6 级	7 级	8 级	9 级
\multicolumn{10}{c}{排序后}									
$P4$	$P5$	$P6$	$P1$	$P7$	$P10$	$P3$	$P8$	$P2$	$P9$
3.19	2.43	1.05	0.67	0.39	0.28	0.24	0.02	0	0
3 级	4 级	5 级	0 级	6 级	9 级	2 级	7 级	1 级	8 级
\multicolumn{10}{c}{评分}									
3	4	5	0	6	9	2	7	1	8
\multicolumn{10}{c}{取前 5 位为:34 506,化为百分制为 34.506}									

当代表孔隙结构的 P 值产生后,结合总孔隙度构建中孔及小孔的纵向转换系数。收集杭锦旗气田共 10 块同时做了压汞和核磁共振实验的致密砂岩岩心样品,构建的纵向转换系数见表 4.10。研究区储层主要分布在下石盒子组盒三段以下,盒三段顶界深度平均在 3000m 以下,因此以比重为 1.10g/cm³ 的泥浆为例,其泥浆柱和地层压力之间的压力差主要在 2.9MPa 以上,所以表 4.10 只构建了 2.96MPa 以上的纵向转换系数,小于 2.96MPa 部分的毛管压力曲线已经在横向转换后对齐。当纵向转换系数 E 确定后,即可在核磁共振反向累计孔隙分量上加上 E 值从而得到伪毛管压力曲线。需要说明的是 E 值在具体计算时只计算到其核磁 T_2 反向累计谱经过横向转换后,对应最高进汞饱和度的毛管压力值时即可。

表 4.10 不同进汞压力下纵向转换系数关系式

压汞毛管压力 p_c(MPa)	关系式	相关系数 R
2.96	$E=0.959\phi+0.218P+1.317$	0.912
4.62	$E=0.960\phi+0.333P+3.074$	0.908
7.44	$E=1.167\phi+0.485P+4.163$	0.905
11.69	$E=1.176\phi+0.664P+7.606$	0.901
18.92	$E=1.138\phi+0.793P+13.866$	0.899
28.32	$E=1.730\phi+0.641P+21.642$	0.882
33.11	$E=2.374\phi+0.397P+26.473$	0.877
43.25	$E=2.787\phi+0.087P+37.429$	0.864
72.42	$E=2.012\phi-0.035P+56.640$	0.855
114.38	$E=1.026\phi+0.061P+68.383$	0.842
155.33	$E=0.366\phi+0.133P+75.212$	0.837
180.29	$E=0.125\phi+0.143P+78.798$	0.812

四、新孔隙结构模型在杭锦旗地区的应用实例

以杭锦旗地区 JX2 井为例，常温下钻井配制的泥浆电阻率 R_{mf} 为 $1.05\Omega\cdot m$，泥浆比重 ρ 为 1.10 g/cm^3，盒一段至山二段地层水电阻率 R_w 为 $0.08\Omega\cdot m$，经过基于泥浆驱替流体法计算后，横向转换系数随深度在 $51.5\sim110.5$ 之间变化。经过十组分孔径分级法计算后，获得了连续深度下的 P 值。图 4.25 中第五道显示了 P 值的线性值和 T_2 谱几何均值的对数值的对比，P 值的获得是来源于第四道的孔径十组分。总体上看二者大体相似，但在细节上还存在有不同之处，例如在 $3173\sim3177\text{m}$ 处，T_2 谱几何均值大于 P 值，这是由于 T_2 谱几何均值的计算方法是核磁 T_2 谱分解的 n 个变量值连乘积的 n 次方根，这里面涵盖了各孔径分量的累计孔隙度或者也可以说成是总孔隙度的贡献，而 P 值是基于孔径十组分相对大小的对比计算得到，相比 T_2 谱几何均值从原理上来说剔除了部分总孔隙度的贡献，因此相对来说，表征孔隙结构更加纯粹。

图 4.25 第六道显示了依据三组分百分比法计算的表征孔隙结构的 PORCLA 值，该值 I 类储层为 1000，II 类储层为 100，III 类储层为 10，IV 类储层为 1。从该 PORCLA 值可以看出，其形态大体上和 P 值类似，但无论是几类储层，其值都会呈现出平头状，且在连续深度下会展现出台阶状变化。而相比来说，P 值则体现了连续深度下的精细变化。第七道显示了在杭锦旗地区将储层分类后的 P 值孔隙结构识别效果，储层 I、II、III 类孔隙结构的分界线划定见图 4.26，分界线的划定是依据研究区内 20 口核磁测井结合常规测井储层分类统计得到的，III 类的范围是小于 16ms，II 类的范围是 $16\sim128\text{ms}$，I 类的范围是 $128\sim2048\text{ms}$。依据此标准，

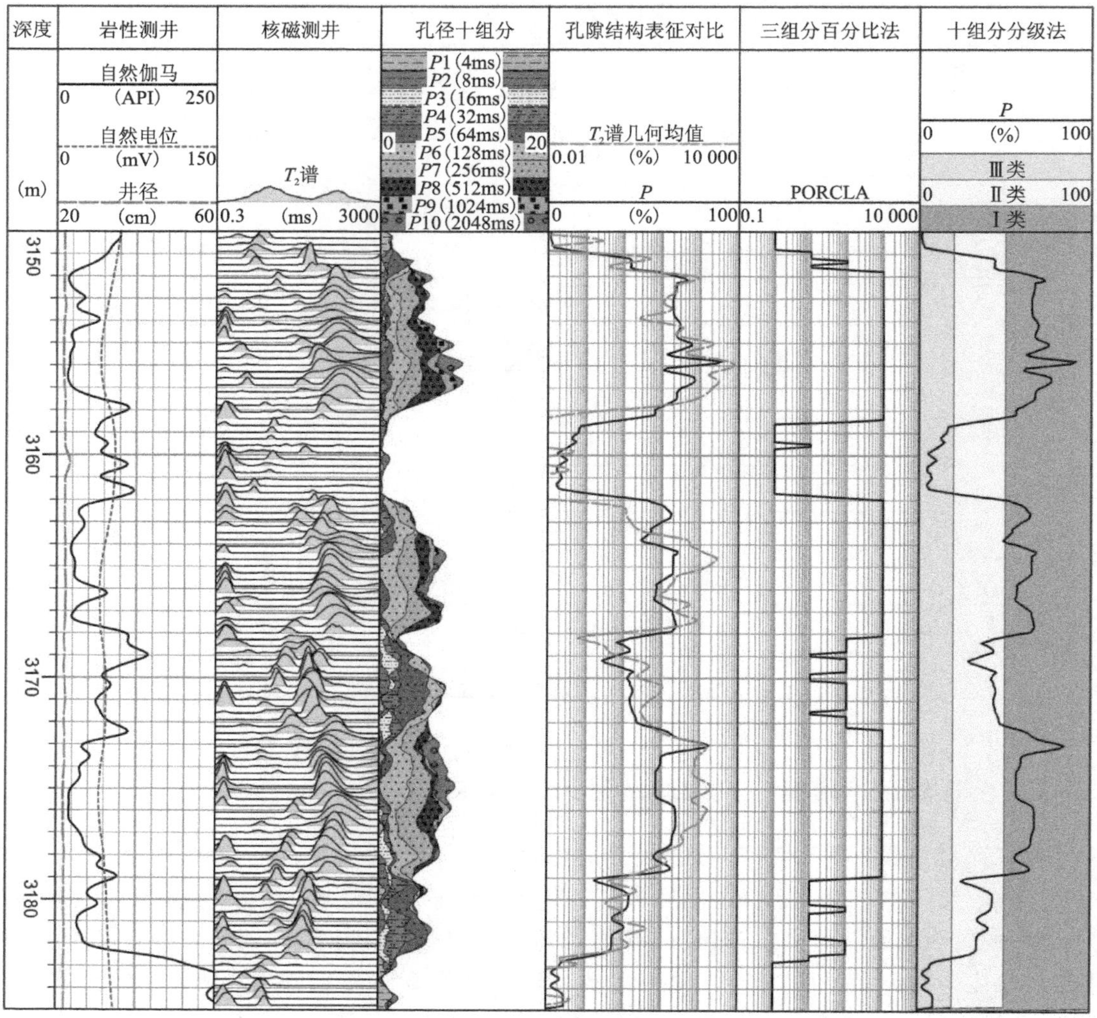

图 4.25 JX2 井盒一段至山二段储层孔隙结构识别对比图

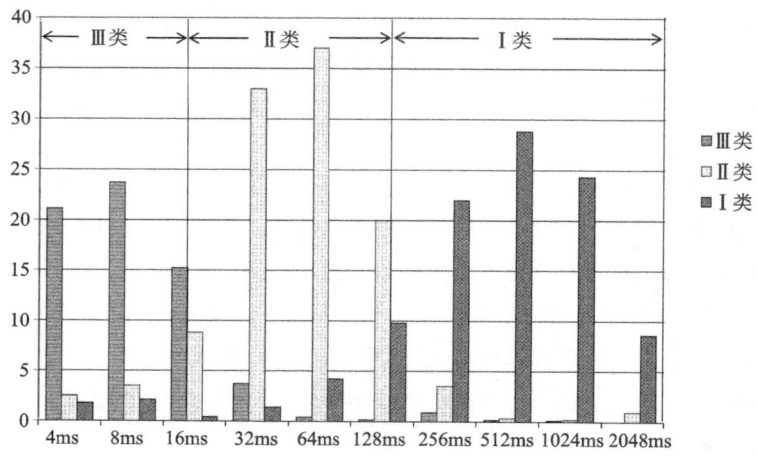

图 4.26 杭锦旗地区储层孔隙结构分类直方图

图 4.25 第七道反映了孔隙结构随深度的连续变化,即使在同一类储层里面,也能精确地评价出细微夹层之间相对孔隙结构的优劣。至于分类标准界限,可以随着杭锦旗地区勘探开发的逐步深入,依据更多的核磁共振测井资料在此划分为三类的基础上进一步精细划分为四类或者更多。

以上是从直接利用 P 值评价储层孔隙结构相对优劣的角度来分析,下面继续从构造毛管压力的角度去评价孔隙机构。JX2 井共进行了 5 块岩心压汞分析,核磁共振 T_2 谱经横向转换后,利用 P 值和总孔隙度求解出纵向转换系数 E 并进行纵向累加,图 4.27 展示了 JX2 井 5 块岩心压汞毛管压力曲线与计算的伪毛管压力曲线的对比效果。第 9 层和第 11 层为气层,第 10 层为煤层,由于伪毛管压力基于砂岩岩心和核磁测井数据构建,所以第 10 层构建的毛管压力仅供参考。第 9 层和第 11 层致密砂岩气层计算的排驱压力相对误差平均为 11.5%,中值压力相对误差平均为 15.4%,平均喉道半径相对误差平均为 17.2%,由此可见,该方法构造的砂岩储层的伪毛管压力曲线与岩心压汞毛管压力曲线的符合率大于 80%,印证了该方法从构造毛管压力曲线角度识别储层孔隙结构的可行性。

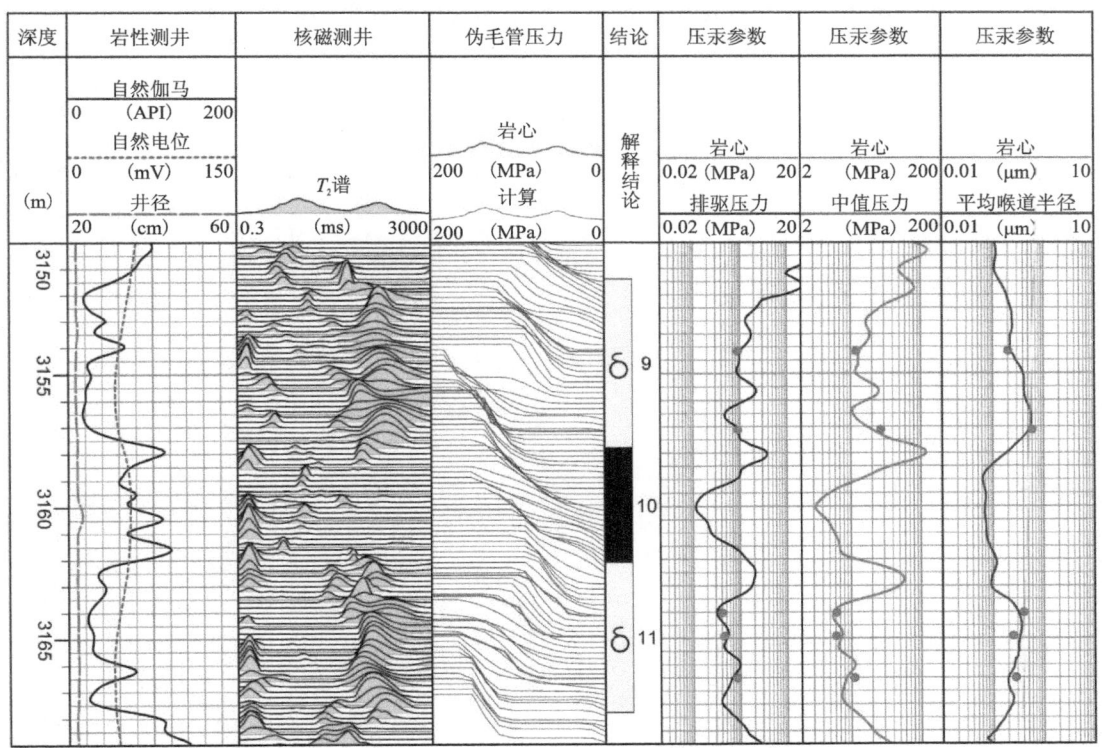

图 4.27　JX2 井岩心压汞与计算压汞毛管压力曲线对比图

本章内容的研究可总结如下:

(1)杭锦旗地区大量的小孔径尺寸孔隙与少量的大孔径尺寸孔隙同时存在,造成气谱会同时存在向前和向后的两种移动状态,致使气对 T_2 谱的影响更为复杂。

(2)对于气层识别来说,一维核磁差谱法(DSM)要优于移谱法(SSM),二维测井充分利用

了纵向弛豫时间 T_1 轴和扩散系数 D 轴,使得一维核磁各种流体信号重叠的问题得到有效的解决,效果优于一维测井。

(3)依据杭锦旗地区的气、水层核磁共振响应特征,构建了适合杭锦旗地区的致密砂岩气储层的二维核磁 T_2-T_1 流体识别模板,可以根据反演信号在模板中所处位置来识别流体性质。

(4)孔隙度可以核磁共振联合声波时差共同计算,这样可以抵消部分含气影响,建立了基于可变参数 p、q、h、i 的 L 值求解法新型核磁渗透率计算模型。实例证明,新渗透率模型计算的渗透率与岩心分析渗透率相关系数达到 0.94,进一步提升了致密砂岩气储层的渗透率计算精度。

(5)利用十组分孔径分量构建了孔隙结构识别的新方法,该方法能够体现出薄储层或夹层之间相对孔隙结构的连续变化,并在此基础上结合基于泥浆驱替流体的横向转换系数,构建出新的伪毛管压力计算模型,该方法构造的砂岩储层的伪毛管压力曲线与岩心压汞毛管压力曲线的符合率大于 80%。

参考文献

陈华,潘克家,谭永基,2009. 核磁共振弛豫信号多指数反演新方法[J]. 测井技术,33(1):37-41.

陈向新,2015. 基于伽马-核磁共振联合反演的薄层评价研究[D]. 武汉:华中科技大学.

成志刚,罗少成,杜支文,等,2014. 基于储层孔喉特征参数计算致密砂岩渗透率的新方法[J]. 测井技术,38(2):185-189.

戴金星,邹才能,陶士振,等,2007. 中国大气田形成条件和主控因素[J]. 天然气地球科学,18(4):473-484.

单玄龙,罗洪浩,张洋洋,等,2011. 松南长岭断陷火山岩亚相约束下的气层测井识别评价[J]. 地球物理学报,54(2):508-514.

邓克俊,2010. 核磁共振测井理论及应用[M]. 东营:中国石油大学出版社.

丁阳,2010. 基于遗传算法的核磁共振T_2谱反演[D]. 长春:吉林大学.

丁娱娇,郭保华,燕兴荣,等,2014. 页岩储层有效性识别及物性参数定量评价方法[J]. 测井技术,38(8):297-303.

范宜仁,刘建宇,葛新民,等,2018. 基于核磁共振双截止值的致密砂岩渗透率评价新方法[J]. 地球物理学报,61(4):1628-1637.

范宜仁,严杰,卢志远,等,2014. 基于核磁共振刻度流动单元复杂砂岩储层渗透率建模方法[J]. 测井技术,41(5):528-533.

付广,李椿,孟庆芬,2003. 天然气扩散系数的系统研究[J]. 断块油气田,10(5):13-16.

付广,孟庆芬,2004. 声波时差资料在天然气综合扩散系数预测中的应用[J]. 石油物探,43(2):145-148.

高敏,安秀荣,祗淑华,等,2000. 用核磁共振测井资料评价储层的孔隙结构[J]. 测井技术,24(3):188-193.

丛云海,范宜仁,邓少贵,等,2013. 基于核磁共振T_2谱三组分分解的致密砂岩储层孔隙结构研究[J]. 测井技术,37(6):600-604.

谷宇峰,2015. 二维核磁共振岩心流体评价方法研究[D]. 大庆:东北石油大学.

韩春江,2014. 核磁共振弛豫信号联合迭代反演方法研究[D]. 长春:吉林大学.

韩玉娇,周灿灿,范宜仁,等,2018. 基于孔径组分的核磁共振测井渗透率计算新方法——以中东A油田生物碎屑灰岩储集层为例[J]. 石油勘探与开发,45(1):170-178.

郝景波,刘春芳,2007. 砂泥岩地层古天然气扩散系数恢复方法及应用[J]. 大庆石油地质与开发,26(6):16-19.

何雨丹,毛志强,肖立志,等,2005.利用核磁共振T_2分布构造毛管压力曲线的新方法[J].石油地球物理勘探,35(2):177-181.

胡法龙,肖立志,2008.核磁共振测井仪静磁场分布的数值模拟[J].地球物理学进展,23(1):173-177.

胡法龙,周灿灿,李潮流,等,2016.核磁共振测井构建水谱法流体识别技术[J].石油勘探与开发,43(2):244-252.

胡海涛,肖立志,吴锡令,2011.一种评价核磁共振测井仪探测特性的方法[J].波谱学杂志,28(1):76-83.

胡海涛,肖立志,吴锡令,2012.核磁共振仪探头设计中的数值方法[J].物理学报,61(14):1-8.

胡皆汉,1988.核磁共振波谱学[M].北京:烃加工出版社.

胡文瑞,2013.全球油气勘探进展与趋势[J].石油勘探与开发,40(4):409-413.

黄乔松,赵文杰,杨济泉,等,2004.核磁共振渗透率模型研究与应用[J].青岛大学学报(自然科学版),17(4):37-40.

黄永仁,1992.核磁共振理论原理[M].上海:华东师范大学出版社.

贾承造,郑民,张永峰,2012.中国非常规油气资源与勘探开发前景[J].石油勘探与开发,39(2):129-136.

贾承造,邹才能,李建忠,等,2012.中国致密油评价标准、主要类型、基本特征及资源前景[J].石油学报,33(3):343-350.

贾承造,2007.煤层气资源储量评估方法[M].北京:地质出版社.

姜瑞忠,姚彦平,苗盛,等,2005.核磁共振T_2谱奇异值分解反演改进算法[J].石油学报,26(6):57-59.

金国文,谢然红,徐红军,等,2019.基于先验信息约束的核磁共振数据反演新方法[J].中国石油大学学报(自然科学版),43(2):53-60.

康玉柱,2012.中国非常规泥页岩油气藏特征及勘探前景展望[J].天然气工业,32(4):1-5.

李鹏举,谷宇峰,2015.二维核磁共振变参量迭代快速反演方法[J].地球物理学进展,30(2):628-635.

李鹏举,施尚明,宋延杰,2010.核磁共振T_2谱优化反演方法[J].科学技术工程,10(11):2614-2617.

李鹏举,2010.核磁共振T_2谱反演及流体识别评价方法研究[D].大庆:东北石油大学.

廖广志,肖立志,谢然红,等,2007.孔隙介质核磁共振弛豫测量多指数反演影响因素研究[J].地球物理学报,50(3):932-938.

廖广志,肖立志,谢然红,等,2009.内部磁场梯度对火山岩核磁共振特性的影响及其探测方法[J].中国石油大学学报(自然科学版),33(5):56-60.

林峰,王祝文,刘菁华,等,2009.核磁共振T_2谱奇异值反演改进算法[J].吉林大学学报

(地球科学版),39(6):1150-1154.

刘宏强,王祝文,2007. 基于奇异值分解法的核磁测井解谱算法[J]. 吉林大学学报,37:135-138.

刘双惠,肖立志,胡法龙,等,2008. 核磁共振测井地层界面响应特征研究[J]. 地球物理学报,51(4):1262-1269.

刘堂晏,王绍民,傅容珊,等,2003. 核磁共振谱的岩石孔喉结构分析[J]. 石油地球物理勘探,38(3):328-333.

刘堂晏,肖立志,傅容珊,等,2004. 球管孔隙模型的核磁共振(NMR)弛豫特征及应用[J]. 地球物理学报,47(4):663-671.

卢文东,肖立志,李伟,等,2007. 内部磁场梯度引起的扩散对 NMR 岩石测量响应的影响[J]. 地球物理学进展,22(2):556-591.

毛希安,1996. 核磁共振基础简论[M]. 北京:科学出版社.

潘和平,黄智辉,1998. 煤层含气量测井解释方法探讨[J]. 煤田地质与勘探,2:58-60.

彭真,2017. 杭锦旗十里加汗区块上古生界致密砂岩气层测井评价研究[D]. 武汉:中国地质大学(武汉).

秦臻,2017. 核磁共振测井正反演方法研究及其在鄂尔多斯盆地南部的应用[D]. 武汉:中国地质大学(武汉).

裘祖文,裴奉奎,1989. 核磁共振波谱[M]. 北京:科学出版社.

邵维志,丁娱娇,刘亚,等,2009a. 核磁共振测井在储层孔隙结构评价中的应用[J]. 测井技术,33(1):52-56.

邵维志,丁娱娇,肖斐,等,2009b. 利用 T_2 谱形态确定 T_2 截止值的方法探索[J]. 测井技术,33(5):430-435.

邵维志,贵兴海,郝丽萍,等,2014. 浅析核磁共振测井在储层流体性质识别方面的局限性[J]. 测井技术,38(6):684-703.

司马立强,李扬,2012. 随钻地层评价技术面临的问题、现状与展望[J]. 测井技术,36(1):8-14.

宋子齐,程建国,王静,等,2006. 一种特低渗透油层有效厚度标准研究[J]. 大庆石油地质与开发,25(5):50-52,56.

苏俊磊,孙建孟,王涛,等,2011. 应用核磁共振测井资料评价储层孔隙结构的改进方法[J]. 吉林大学学报(地球科学版),41(增刊1):380-386.

谭成仟,段爱英,宋革生,2001. 基于岩石物理相的储层渗透率解释模型研究[J]. 测井技术,25(4):287-290.

谭茂金,石耀霖,谢关宝,2007. 基于遗传算法的核磁共振 T_2 分布反演[J]. 测井技术,31(5):413-416.

谭茂金,邹友龙,2012. (T_2-D)二维核磁共振测井混合反演方法与参数影响分析[J]. 地球物理学报,55(2):683-692.

谭茂金,邹友龙,刘兵开,等,2011. 气水模型(T_2,D)二维核磁共振测井数值模拟及参数影响分析[J]. 测井技术,35(2):130-136.

田鑫,毛志强,肖亮,等,2009. 四川盆地须家河组低渗透气层渗透率模型的建立[J]. 天然气工业,29(4):39-41.

童茂松,李莉,姜亦忠,等,2006. 岩石激发极化衰减谱的多指数反演[J]. 物探化探计算技术,28(2):133-136.

王才志,尚卫忠,2003. 应用奇异值分解算法的核磁共振测井解谱方法[J]. 石油地球物理勘探,38(1):91-94.

王飞飞,章海宁,汤天知,等,2016. 基于球管模型核磁共振 T_2 谱反演新方法[J]. 测井技术,40(2):161-166.

王慧,付晨东,闫学洪,等,2019. 核磁共振测井在大庆长垣以西地区流体性质识别中的应用[J]. 测井技术,43(1):31-35.

王慧,訾慧,董永强,等,2019. 海拉尔某地区核磁共振孔隙结构评价方法与应用[J]. 国外测井技术,40(2):60-65.

王为民,李培,叶朝辉,2001. 核磁共振弛豫信号的多指数反演[J]. 中国科学(A 辑),31(8):730-736.

王筱文,肖立志,谢然红,等,2006. 中国陆相地层核磁共振孔隙度研究[J]. 中国科学 G 辑:物理学,力学,天文学,49(3):313-320.

王振林,毛志强,孙中春,等,2017. 致密油储层孔隙结构核磁共振测井评价方法[J]. 断块油气田,24(6):783-787.

王忠东,汪浩,向天德,2001. 综合利用核磁谱差分与谱位移测井提高油层解释精度[J]. 测井技术,25(5):365-368.

王忠东,王东,2003. 顺磁离子对核磁共振弛豫响应的影响及其应用的实验研究[J]. 测井技术,27(4):270-273.

王忠东,肖立志,刘堂宴,2003. 核磁共振弛豫信号多指数反演新方法及其应用[J]. 中国科学(G 辑),33(4):323-333.

翁爱华,李舟波,莫修文,等,2003. 低信噪比核磁共振测井资料的处理技术[J]. 吉林大学学报(地球科学版),33(2):232-235.

翁爱华,李舟波,王雪秋,等,2002. 基于回归 M-估计的核磁测井数据反演[J]. 石油地球物理勘探,37(3):258-261.

肖立志,1998. 核磁共振成像测井与岩石核磁共振及其应用[M]. 北京:科学出版社.

肖立志,2007a. 核磁共振测井原理与应用[M]. 北京:石油工业出版社.

肖立志,2007b. 我国核磁共振测井应用中的若干重要问题[J]. 测井技术,31(5):401-407.

肖立志,谢然红,廖广志,2012. 中国复杂油气藏核磁共振测井理论与方法[M]. 北京:科学出版社.

肖立志,陆大卫,柴细元,等,2001. 核磁共振测井资料解释与应用导论[M]. 北京:石油工业出版社.

肖亮,肖忠祥,2008. 核磁共振测井 $T_{2\text{-cutoff}}$ 确定方法及适用性分析[J]. 地球物理学进展,23(1):167-172.

肖亮,2008. 利用核磁共振测井资料评价储集层孔隙结构的讨论[J]. 新疆石油地质,29(2):260-263.

谢然红,肖立志,邓克俊,等,2005. 二维核磁共振测井[J]. 测井技术,29(5):430-434.

谢然红,肖立志,刘家军,2011. 核磁共振测井时域分析法数值模拟及影响因素分析[J]. 地球物理学报,54(8):2184-2192.

谢然红,肖立志,王忠东,等,2008. 复杂流体储层核磁共振测井孔隙度影响因素[J]. 中国科学:地球科学,38:191-196.

谢然红,肖立志,2009. 核磁共振测井探测岩石内部磁场梯度的方法[J]. 地球物理学报,52(5):1341-1347.

徐光焰,2004. 地层剖面中砂泥岩石组合天然气综合扩散系数模拟及应用[J]. 新疆石油学院学报,16(4):18-24.

杨双定,吴涛,任小锋,等,2016. 二维核磁共振测井在鄂尔多斯盆地致密气藏的应用[J]. 测井技术,40(3):343-347.

姚绪刚,王忠东,2003. 一种新的核磁共振弛豫谱反演方法[J]. 测井技术,27(5):373-376.

于秀英,古正富,贾俊杰,等,2016. 储层孔隙结构测井表征的新方法[J]. 非常规油气,3(1):14-20.

张超,2018. 利用核磁共振 T_2 谱计算致密砂岩储层渗透率新方法[J]. 测井技术,42(5):550-556.

张飞,刘挺,朱立文,2014. 基于核磁共振测井资料的储层孔隙结构评价方法研究[J]. 国外测井技术,199(1):16-19.

张恒荣,何胜林,曾少军,等,2014. 综合常规与核磁共振测井资料评价储层产液性质[J]. 测井技术,38(5):574-580.

张筠,吴见萌,朱国璋,等,2018. 致密气核磁共振测井观测模式及气水弛豫分析——以四川盆地为例[J]. 天然气工业,38(1):49-55.

张丽华,潘保芝,单刚义,等,2008. 火山岩储层流体性质识别[J]. 石油地球物理勘探,43(6):728-730.

张宪国,刘玉从,林承焰,等,2019. 低孔-致密气层渗透率核磁测井解释方法[J]. 中国矿业大学学报,48(6):1177-1186.

张宗富,肖立志,刘化冰,等,2014. 水分子在微孔隙介质中的受限扩散模拟[J]. 波谱学杂志,31(1):49-60.

章新文,毛海艳,谢春安,等,2019. 泌阳凹陷深层致密砂岩孔隙结构测井评价方法研究[J]. 特种油气藏,26(4):27-32.

赵文杰,谭茂金,2008. 胜利油田核磁共振测井技术应用回顾与展望[J]. 地球物理学进展,23(3):814-821.

郑炀,徐锦绣,刘欢,等,2019. 基于随钻核磁测井的渗透率评价方法及其应用——以渤海锦州油田古近系沙河街组为例[J]. 中国海上油气,31(2):69-75.

朱林奇,张冲,胡佳,等,2016. 基于单元体模型的核磁共振测井渗透率评价方法[J]. 石油钻探技术,44(4):120-126.

邹才能,董大忠,王社教,等,2010. 中国页岩气形成机理、地质特征及资源潜力[J]. 石油勘探与开发,37(6):641-653.

邹才能,陶士振,侯连华,等,2013. 非常规油气地质[M]. 北京:地质出版社.

邹才能,杨智,崔景伟,等,2013. 页岩油形成机制、地质特征及发展对策[J]. 石油勘探与开发,40(1):14-26.

邹才能,杨智,张国生,等,2014. 常规-非常规油气"有序聚集"理论认识及实践意义[J]. 石油勘探与开发,41(1):14-26.

邹友龙,2016. 核磁共振测井数据反演方法及T_2谱的不确定性研究[D]. 北京:中国石油大学(北京).

AKKURT R, GVILLORY A J, TUTUNJIAN P N, et al., 1996. NMR Logging of Natural Gas Reservoirs[C]. The Annual Meeting of the Society of Professional Well Log Analysts, Paris.

AKKURT R, MARDON D, GARDNER J S, et al., 1998. Enhanced Diffusion: Expanding the Range of NMR Direct Hydrocarbon-typing Applications[C]. SPWLA 39th Annual Logging SymPosium, Keystone, Colorado.

ALI S ZIARANI, ROBERTO AGUILERA, 2012. Pore-throat radius and tortuosity estimation from formation resistivity data for tight-gas sandstone reservoirs[J]. Journal of Applied Geophysics, 83: 65-73.

AMAEFULE J O, ALTUNBAY M, TIAB D, et al., 1993. Enhanced reservoir description: using core and log data to identify hydraulic (flow) units and predict permeability in uncored intervals/wells[C]. SPE annual technical conference and exhibition. Society of Petroleum Engineers.

BENNION D B, THOMAS F B, BIETZ R F, et al., 1999. Remediallon of water and hydrocarbon phase trapping problems in low permeability gas reservoir[J]. Journal of Canadian Petroleum Technology, 38(8): 39-48.

BERGMAN D J, DUNN K J, LATORRACA G A, 1995. Magnetic susceptibility contrast and fiexd field gradient effects on the spin-echo amplitude in a periodic porous medium with diffusion[J]. Bulletin of the American physical society, 40(1): 695-699.

BLUNT M J, JACKSON M D, PIRI M, et al., 2002. Detailed physics predictive capabilities and macroscopic consequences for pore-network models of multiphase flow[J]. Advances in Water Resources, 25(1): 1069-1089.

BORGIA G C, BROWN R J S, FANTAZZINI P, 1998. Uniform penalty invertion of multiexponential decay data[J]. Journal of Magnetic Resonance, 132: 65-77.

BROWN J A, BROWN L F, JACKSON J A, 1981. NMR Measurements on Wstern Gas Sands Core [C]//SPE/DOE Low Permeability gas reservoirs symPosium Proceedings. Denver: Soeiety of Petroleum Engineers: 321-326.

BROWN J A, JACKSON J A, BROWN L F, et al., 1982. NMR Logging Tool Development-Laboratory Studies of Tight Gas Sands and Artificial Porous Material. In: SPE/DOE unconventional gas recovery symposium Proceedings[M]. Pittsburgh: Society of Petroleum Engineers: 203-209.

BROWN R J S, 2001. The Earth's-field NML development at Chevron[J]. Concepts in Magnetic Resonance, 13(6): 344-366.

BUTLER J P, REEDS J A, DAWSON S V, 1981. Estimating solutions of first kind integral equations with nonnegative constraints and optimal smoothing[J]. SIAM Journal on Numerical Analysis, 18(3): 381-397.

C R CLARKSON, M FREEMAN, L HE, et al., 2012. Characterization of tight gas reservoir pore structure using USANS/SANS and gas adsorption analysis[J]. Fuel, 95: 371-385.

CARMAN P C, 1937. Fluid flow through granular beds[J]. Chemical Engineering Research and Design, 15: 150-166.

CHANDLER R, 2001. Proton free precession (Earth's-field) logging at Schlumberger (1956—1988)[J]. Concepts in Magnetic Resonance, 13(6): 366-367.

CHEN X G, LI X K, 2003. Application of uniform design and genetic algorithm in optimization of reversed-phase chromatographic separation[J]. Chemometrics and Intelligent Laboratory Systems, 68(2): 157-166.

COATES G R, XIAO L Z, PRAMMER M G, 2000. NMR Logging Principles and Applications[M]. Houston: Gulf Publishing Company.

CROWE M B, et al., 1997. Measuring Residual Oil Saturation in West Texas Using NMR[C]. SPWLA 39th Annual Logging Symposium.

DUNN K J, LATORRACA G A, WARNER J L, 1994. On the calculation and interpretation of NMR relaxation time distribution[C]. SPE28367, 69th Annual SPE Technical Conference and Exhibition, New Orleans: 45-54.

DUNN K J, LATORRACA G A, 1999. The inversion of NMR log data sets with differentmeasurement errors. Journal of Magnetic Resonance[J]. 140: 153-161.

EDWARDS C M, 1997. Effect of tool design and logging speed on T_2 NMR log data [C]. SPWLA 38th Annual Logging Symposium.

FAN Y R, DENG S G, ZHOU C C, et al., 2004. Experimental study of electrical and NMR properties of shaly sandstone under different water salinities[C]. SPWLA 45th Annual Logging Symposium.

FREEDMAN R, HEATON N, FLAUM M, et al., 2003. Wettability Saturation and Viscosity From NMR Measurements[J]. SPE Journal, 8(4): 317-327.

FREEDMAN R, LO S, FLAUM M, et al. , 2001. A new NMR method of fluid characterization in reservoir rocks: experimental confirmation and simulation results[J]. SPE Journal,6(4): 452-464.

GEORGE R COATES, XIAO L, MANFRED G, 1999. Prammer. NMR Logging Principles and Application[M]. Houston: Halliburton Energy Services.

HOULT D I, RICHARDS R E, 1976. The signal to noise ratio of the nuclear magnetic resonance experiment [J] . Journal of Magnetic Resonance,24: 71-85.

HU F, ZHOU C, LI C, et al. , 2012. Fluid identification method based on 2D diffusion-relaxation nuclear magnetic resonance (NMR)[J]. Petroleum Exploration and Development, 39 (5):591-596.

HÜRLIMANN M D, GRIFFIN D D, 2000. Spin dynamics of Carr-Purcell-Meiboom-Gill-like sequences in grossly inhomogeneous B0 an d B1 fields and application to NMR well logging[J]. Journal of Magnetic Resonance,143: 120-135.

HÜRLIMANN M D, VENKATARAMANAN L, FLAUM C, et al. , 2002. Diffusion-editing: New NMR Measurement of Saturation and Pore Geometry[C]. Paper FFF in 43rd Annual Symposium of SPWLA.

JOHANNESEN E, STEINSB M, HOWARD J J, et al. , 2006. Wettability characterization by NMR T_2 measurements in chalk[C]. International Symposium of the Society of Core Analysts, Trondheim, Norway.

JOHN B C, 2002. Fractured shale gas systems[J]. AAPG Bulletin,86(11): 1921-1938.

KENYON W E, 1997. Petrophysical properties of application of NMR Logging [J]. The Log Analyst,38(2): 21-43.

KLEINBERG R L, JACKSON J A, 2001. An introduction to the history of NMR well logging[J]. Concepts in Magnetic Resonance,13(6): 340-342.

KOZENY J, 1927. Uber Kapillare Leitung Des Wassers in Boden[J]. Sitzungsberichte Wiener Akademie,136(2a): 271-306.

LIU Z H, ZHOU C C, LIU G Q, et al. , 2007. An innovative method to evaluate formation pore structure using NMR logging data[C]. SPWLA 48th Annual Logging Symposium.

MARDON D, PRAMMER M G, Taicher Z, et al. , 1995. Improved Environmental Corrections for MRIL Pulsed NMR Logs Run in High-Salinity Boreholes[C]. The 36th Annual Logging Symposium Transactions.

MENGER S, PRAMMER M G, 1999. Calculation of combined T_1 and T_2 spectra from NMR logging data[C]. SPWLA 40th Annual Logging Symposium.

MILLISON R R, 2001. 3-d induction logging improves evaluation of low-resistivity pay zones[J]. The American Oil & Gas Reporter,9: 129-134.

MIROTCHNIK K, KRYUCHKOV S, STRACK K, et al. , 2004. A novel method to determine NMR petrophysical parameters from drill cuttings[C]. SPWLA 45th Annual Logging Symposium.

MITHCHELL J,CHANDRASEKERA T C,JOHNS M,et al. ,2010. Nuclear magnetic resonance relaxation and diffusion in the presence of internal gradients: The effect of magnetic field strength[J]. Physical Review E,81(2): 501-802.

MOHNKE O, YARAMANCI U, 2002. Smooth and block inversion of surface NMR amplitudes and decay times using simulated annealing[J]. Journal of Applied Geophysics, 50: 163-177.

NEIL E. JACOBSEN, 2007. NMR Spectroscopy Explained: Simplified Theory, Applications and Examples for Organic Chemistry and Structural Biology[M]. New Jersy: Wiley-Interscience.

PRAMMER M G, DRACK E D, BOUTON J C, et al. , 1996. Measurements of clay-bound water and total porosity by magnetic resonance logging [J]. The Log Analyst,47(6): 61-69.

PRENSKY S, 2002. Recent development in logging technology[J]. Petrophysics, 43 (3): 197-216.

RAMAKRISHNAN T, SCHWARTZ L, FORDHAM E, et al. , 1998. Forward models for nuclear magnetic resonance in carbonate rocks[C]. SPWLA 39th Annual Logging Symposium.

RYU S, 2009. Effect of inhomogeneous surface relaxivity, por geometry and internal field gradient on NMR logging: exact and perturbative theories and numerical investigation [C]. SPWLA 50th Annual Logging Symposium.

SADEGH B,MEHDI T,MAJID N B,et al. ,2014. Prediction of permeability in a tight gas reservoir by using three soft computing approaches:A comparative study[J]. Journal of Natural Gas Science and Engineering,21: 718-724.

SHAFER J L, MARDON D, BOUTON J G, et al. , 1999. Diffusion effects on NMR studies of an iron-rich sandstone oil reservoir[C]. Internal Sysmposium of the Society of Core Analysts,Hugue,Holand.

SLJKERMAN,WALTER F J,HOFMAN,et al. ,2001. A practical approach to obtain primary drainage capillary pressure curves from NMR core and log data[J]. Petrophysics,42 (4):334-343.

SONG Y Q,RYU S,SEN P N,2000. Determining multiple length scales in rocks[J]. Nature,406 (6792): 178-181.

SUN B Q, 2003. NMR Inversion Methods For Fluid Typing. SPWLA 44th Annual Logging Symposium.

SUN B, DUNN K J, 2005. A global inversion method for multi-dimensional NMR logging[J]. Journal of Magnetic Resonance,172(1): 152-160.

TORREY H C, 1956. Bloch equation with diffusion terms[J]. Physical Review, 104(3): 563-565.

TOUMELIN E, TORRES-VERDIN C, SUN B, et al., 2006. Limits of 2D NMR Interpretation Techniques to Quantify Pore Size Wettability and Fluid Type: A Numerical Sensitivity Study[J]. SPE Journal, 11(3): 354-363.

VISWANATHAN K, KAUSIK R, MINH C C, et al., 2011. Characterization of gas dynamics in Kerogen Nanopores by NMR[C]. Society of Petroleum Engineers.

WHITALL K P, MACKAY A L, 1989. Quantitative Interpretation of NMR Relaxation Data[J]. Journal of Magnetic Resonance, 84: 134-152.

WOESSNER D E, 2001. The early days of NMR in the Southwest[J]. Concepts in Magnetic Resonance, 13(2): 77-102.

ZHANG G Q, HIRASAKI G J, HOUSE W V, 2003. Internal field gradients in porous media[J]. Petrophysics, 27(4): 270-273.

ZIELINSKI L J, HGRLIMANN M D, 2005. Probing short lenth scales with restricted diffusion in a staic gradient using the CPMG sequence[J]. Journal of Magnetic Resonance, 172(1): 161-167.

ZOU C N, YANG Z, TAO S Z, et al., 2013. Continuous hydrocarbon accumulation over a large area as a distinguishing characteristic of unconventional petroleum: The Ordos Basin[J]. Earth Science Reviews, 126: 358-369.

ZOU C, ZHU R, LIU K, et al., 2012. Tight gas sandstone reservoirs in China: characteristic sand recognition criteria[J]. Journal of Petroleum Science and Engineering. 88/89(2): 82-91.